AF665746

Christian Schindler

Formabtrag an mineralischen Gläsern mit ultrakurz gepulster Laserstrahlung

Fertigungstechnik –
aus den Grundlagen für die Anwendung

Schriften aus der Ilmenauer Fertigungstechnik

Herausgegeben von
Univ.-Prof. Dr.-Ing. habil. Jean Pierre Bergmann
(Technische Universität Ilmenau).

Band 9

Formabtrag an mineralischen Gläsern mit ultrakurz gepulster Laserstrahlung

Christian Schindler

Universitätsverlag Ilmenau

2020

Impressum

Bibliografische Information der Deutschen Nationalbibliothek
Die Deutsche Nationalbibliothek verzeichnet diese Publikation in der Deutschen Nationalbibliografie; detaillierte bibliografische Angaben sind im Internet über http://dnb.d-nb.de abrufbar.

Diese Arbeit hat der Fakultät für Maschinenbau der Technischen Universität Ilmenau als Dissertation vorgelegen.

Tag der Einreichung:	2. Juli 2019
1. Gutachter:	Univ.-Prof. Dr.-Ing. habil. Jean Pierre Bergmann (Technische Universität Ilmenau)
2. Gutachter:	Prof. Dr.-Ing. habil. Andreas Ostendorf (Ruhr Universität Bochum)
3. Gutachter:	Prof. Dr.-Ing. Jens Bliedtner (Ernst Abbe Hochschule Jena)
Tag der Verteidigung:	16. März 2020

Technische Universität Ilmenau/
Universitätsbibliothek **Universitätsverlag Ilmenau**
Postfach 10 05 65
98684 Ilmenau
www.tu-ilmenau.de/universitaetsverlag

ISSN 2199-8159 (Druckausgabe)
ISBN 978-3-86360-217-8 (Druckausgabe)
URN urn:nbn:de:gbv:ilm1-2020000104

Neugier, Engagement, Ausdauer

Kurzfassung

Im Rahmen der vorliegenden Arbeit wurden Abtragsverfahren zur Formgebung optischer Komponenten aus mineralischem Glas mittels ultrakurz gepulster Laserstrahlung untersucht. Für diese Untersuchungen wurden ein experimenteller ps- und ein fs-Aufbau konzipiert, umgesetzt, optimiert und charakterisiert sowie Analysemethoden zur Probenbewertung entwickelt. Aus den Untersuchungen zu den ausgewählten Gläsern ergibt sich, dass mit Verwendung ultrakurzer Laserpulse prinzipiell das gesamte Materialspektrum bearbeitbar ist, wenngleich sich die Bearbeitungsergebnisse unterscheiden.

Für einen schichtweisen Abtrag wurden plausible Parameterräume definiert, in denen der Ablationsprozess stabil in Bezug auf ausgewählte Zielgrößen beschrieben werden kann. Experimentell zeigten sich der glasspezifischen Bandlücke sowie der applizierten Wellenlänge nach steigende Grenzwerte für die zur Ablation notwendigen Fluenz. Beim Vergleich der Pulsdauerregime zeigte sich, dass für einen einsetzenden ps-Abtrag höhere Fluenzwerte als für einen fs-Abtrag appliziert werden müssen. Die Untersuchungen haben veranschaulicht, dass sich, in Relation zu einem spezifischen Vorbearbeitungszustand von Quarzglas, mit zunehmendem Abtrag, also mehreren Überfahrten, und unter Zuhilfenahme einer gezielten Partikelabfuhr ein Gleichgewicht der Rauheit auf der Oberfläche einstellte und man von einer Sättigungsrauheit sprechen kann. Für dieses Abtragsverhalten an Glas wurde ein Modell für den 2,5D-Formabtrag mit ausgewählten Parametern aufgestellt und Aussagen zum notwendigen Konditionierabtrag getroffen. Gleichzeitig ergab sich nach Erreichen des Sättigungswertes ein konstantes Ablationsregime, welches einen linearen Abtrag pro Überfahrt ermöglichte. Für eine an den Zielgrößen (Rauheit, induzierte optische Gangunterschiede, Abtragstiefe sowie Abtragsraten) ausgerichtete Auswahl von Bearbeitungsparametern sind Schädigungstiefen bestimmt worden. Es zeigte sich, dass die ermittelten Werte z. T. geringer sind als typische Schädigungen durch das Fein- und Feinstschleifen (< 15 µm) und somit dazu beitragen den folgenden Polierprozess zu verkürzen. Ein schichtweiser Abtrag mit ultrakurzen Pulsen kann als Substitutionstechnologie für den formgebenden Schleifprozess angesehen werden. Die ermittelten Zeitspanvolumina lagen im applizierten Laserparameterfeld

mit < 14 mm³/min deutlich über den Werten des Fein- und Feinstschleifens mit ≈ 2 mm³/min.
In weiteren Untersuchungen zum Laserabtrag mit Scanprofilen konnten funktionelle Zusammenhänge beschrieben und nachgewiesen werden, die einen ortsvariablen Glasabtrag ermöglichen.

Abstract

In the scope of the present work, ablation processes for the shaping of optical components made of mineral glass using ultrashort pulsed laser radiation were investigated. For these investigations, an experimental ps and fs setup was designed, implemented, optimized and characterized, as well as analytical methods for sample evaluation. From the investigations on the selected glasses results the fact that with the use of ultrashort laser pulses, in principle, the entire material spectrum can be processed, although the processing results differ.

For a layered ablation, plausible parameter spaces have been defined, in which the ablation process can be described stably with respect to selected target values. Experimentally, the glass-specific bandgap and the applied wavelength showed increasing thresholds for the fluence necessary for ablation. When comparing pulse duration regimes, it was found that higher fluence values for ps-radiation must be applied for an onset of ablative ablation than for an ablation with fs-radiation. The investigations have shown that, in relation to a specific initial surface state of quartz glass, with increasing ablation, ie several crossings, and with the assistance of a modified removal of ablation particles a balance of roughness on the surface occurs and one could speak of a saturation roughness or preconditioned surface state. For this removal behavior of glasses, a model for the 2.5D shape removal with selected parameters was established and statements were made on the necessary conditioning removal. At the same time, after reaching the saturation value, a constant ablation regime resulted, which allowed a linear ablation per crossing. For a selection of processing parameters aimed at the target values (roughness, induced optical path differences, removal depth and removal rates), depths of subsurface damage have been determined. It turned out that the determined values are partly less than typical subsurface damage caused by fine and ultra-fine grinding ($< 15\ \mu m$). These values help to shorten subsequent polishing processes. Layer by layer ablation with ultrashort pulses can be considered as substitution technology for the grinding process. In the applied laser parameter field, the determined material removal rates were $< 14\ mm^3/min$, well above the values of fine and ultra-fine grinding with $\approx 2\ mm^3/min$.

In further investigations on the laser ablation with scan profiles, functional relationships could be described and demonstrated, which allow a spatially variable glass removal.

Inhaltverzeichnis

Abkürzungsverzeichnis

2D	zweidimensional
2,5D	zweieinhalbdimensional
3D	dreidimensional
AOM	Acousto Optic Modulator
CAD	Computer Aided Design
CAM	Computer Aided Manufacturing
CCP	Computer Controlled Polishing
CFD	Computational Fluid Dynamics
CNC	Computerized Numerical Control
CO_2	Kohlenstoffdioxid
CPA	Chirped Pulse Amplification
cw	continuous wave
DXF	Drawing Interchange File Format
EOM	Electro Optic Modulator
fs	Femtosekunde
HP	High Power
HR	Hyper Rapid
IBF	Ion Beam Finishing
IQR	Interquartilsabstand
IR	Infrarot
LID	Laser Induced Damage
LIDT	Laser Induced Damage Threshold
MOPA	Master Oscillator Power Amplifier
MPI	Multiphotonenionisation

MRF	Magneto Rheologic Finishing
MTF	Modulationstransferfunktion
N	Anzahl
N-BK7 / BK7	Bor-Kronglas
NC	Numerical Control
NIR	Nahinfrarot
ns	Nanosekunde
ps	Pikosekunde
PV	Peak to Valley
REM	Rasterelektronenmikroskop
RMS	Root Mean Square
RTC	Real Time Controller
SDB	Spannungsdoppelbrechung
SF6	Schwerflintglas
SiO_2	Quarzglas
SHG	Second Harmonic Generation
SSD	Subsurface Damage
STEP	Standard for the Exchange of Product Model Data
TGH	Third Harmonic Generation
TEM	Transversalelektromagnetische Welle
UKP	Ultrakurzpuls
ULE	Ultralow Expansion Glass
UP	Ultrapräzision
UV	Ultraviolett
VIS	Visuell
VC-C	Vibration Criteria C
WEZ	Wärmeeinflusszone

Abbildungsverzeichnis

Tabellenverzeichnis

1 Einleitung

Optische Systeme bestehen aus einer Vielzahl aufeinander abgestimmter, justierter optischer und mechanischer Komponenten. Bei der Auslegung eines Systems werden die optischen Anforderungen im Optikdesign, die mechanischen in der Konstruktion und die Machbarkeit aus Sicht der Produktion miteinander abgestimmt und zu einem Kompromiss geführt. Ziel ist es, Toleranzbereiche für die Mechanik und Optik festzulegen, innerhalb derer die erforderliche Abbildungsqualität des optischen Systems gewährleistet ist und die Fertigung, Justage und Montage technisch sowie wirtschaftlich umsetzbar erscheint.

Bei der Frage nach der optischen Abbildungsqualität spielt die Beschaffenheit von optischen Komponenten, wie z. B. Spiegel und Linsen, die wichtigste Rolle, da Abweichungen von der geforderten Lage und Gestalt der Komponenten das Abbildungsergebnis verschlechtern. Durch die Verwendung asphärischer, also nicht-kugelförmiger Flächen im Lichtweg, können Fehler wie sphärische Aberrationen minimiert werden, die bei der klassischen Verwendung von sphärischen Komponenten lediglich durch die Kombination unterschiedlicher Gläser kompensiert werden können. So kann allein durch den Einsatz von Asphären die Komponentenanzahl reduziert und den wachsenden Miniaturisierungswünschen entsprochen werden.

Geht es jedoch darum, in engen Bauräumen schiefe, unsymmetrische Strahlengänge zu realisieren oder gezielt die Wellenfront des Strahlenbündels zu manipulieren, sind frei geformte und unsymmetrisch gestaltete Flächen, sogenannte Freiformflächen, im Lichtweg unabdingbar und ermöglichen innovative Systeme in der Mikroskopie, der Fotografie, der Lasermaterialbearbeitung oder der Ophthalmologie. Diese freiformoptischen Anwendungen stehen noch am Anfang und im Mittelpunkt der aktuellen Forschungs- und Entwicklungsaufgaben der Optiktechnologie und erfordern z. T. völlig neue Fertigungsprozesse, um die optischen und geometrischen Anforderungen erfüllen zu können.

Die heute angewendete Prozesskette zur Herstellung von Linsen aus mineralischen Gläsern besteht aus mehreren Schleif- und Polierarbeitsgängen. Sphärische Bauelemente werden im Linienkontakt mittels Ringwerkzeugen oder im Flächenkontakt mittels Pelletwerkzeugen geschliffen und im Flächenkontakt meist mittels Synchrospeed-

Technologie poliert. Dabei hängt die erreichbare Genauigkeit maßgeblich vom Justierzustand der Maschinen und dem Abrichtzustand der Werkzeuge ab. Asphären und Freiformflächen hingegen müssen im punktförmigen Werkzeugeingriff bearbeitet werden. Anforderungen an solch eine punktförmige Raster- oder Spiralbearbeitung sind wesentlich höher als im Flächeneingriff und erfordern ein Vielfaches an Bearbeitungszeit (ca. Faktor 5–20 höher, in Abhängigkeit von der zu bearbeitenden Geometrie). Die erforderliche Genauigkeit von 1–2 µm muss hier in jedem Punkt der Fläche erreicht werden und stellt wesentlich höhere Anforderungen an die Maschinensteifigkeit (bspw. Masse 6 t und Maschinenbettausführung in Granit), an die Präzision der Positionierung < 500 nm, an die Aufstellbedingungen (vibrationsarm nach Vibrationslinie VC-C) sowie an die Temperaturkonstanz von ±0,1 K. Die finalen optischen Flächen dürfen oft nur Größenordnungen um 100 nm von den analytischen Formvorgaben abweichen und müssen frei von Mikrorissen und -defekten sein. Das wirtschaftliche Erreichen beider Eigenschaften hängt stark mit den Ergebnissen des Schleifprozesses zusammen. Mikrorisse mit einer Tiefe von mehreren zehn Mikrometern und einer Formabweichung < 5 µm sind typische Ergebnisse nach dem Feinschleifen und bestimmen den Polierabtrag sowie den anschließenden Formprüf- und Korrekturpolierprozess. Die Herstellung von Freiformkomponenten im Millimeterbereich mit kleinen lokalen Radien (typischerweise < 50 mm) stellt etablierte Prozessketten vor große Herausforderungen. Insofern geometrisch für Schleifwerkzeuge zugänglich führen Werkzeugverschleiß und geringe Schnittgeschwindigkeiten zu höheren Prozesszeiten und erhöhtem Fertigungsaufwand. Die nach dem Schleifen matten Oberflächen werden um den Betrag der induzierten Mikrorisse im punktförmigen Eingriff entlang einer Raster- oder Spiralbahn durchpoliert. Die entstehenden Bahnstrukturen können nur bedingt korrigiert werden und limitieren die Qualität der optischen Komponente stark.

Eine große und bisher ungelöste Herausforderung stellen Bearbeitungsaufgaben dar, bei denen Freiformoptiken in ihrer Geometrie solche komplexen und unstetigen Flächen aufweisen, die mit den etablierten Schleif- und Polierverfahren nicht bearbeitet werden können. Gerade aber in diesem optischen Anwendungsbereich liegt ein großes Zukunftspotenzial der Optischen Technologien.

Um die vorstehend genannten Nachteile in der Formgebung zu umgehen, scheinen alternative, allen voran laserbasierte Bearbeitungsmethoden, prinzipiell eine Bearbeitungsmethode mit hohem Potenzial zu sein. Mit minimalen Fokusdurchmessern (d_f < 10 µm) könnten theoretisch sehr kleine „Footprints" in der Wechselwirkungszone erzielt werden, die den geometrischen Anforderungen an freiformoptische Anwendungen sehr gut gerecht werden.

Bisherige Untersuchungen mit cw- und lang gepulsten Lasermaterialbearbeitungsprozessen, die in der Literatur dargestellt werden, führen zu einer thermischen Beeinflussung des optischen Materials. Die dadurch entstehenden optischen Gangunterschiede (meist > 20 nm/cm) und Brechzahländerungen sind für präzisionsoptische Anwendungen nicht zulässig.

Der Einsatz von ultrakurzen Laserpulsen verspricht hingegen einen quasi athermischen Wechselwirkungsprozess zwischen Laserstrahl und den optischen Materialien und bietet somit eine Reihe von Vorteilen. Grundlage dafür sind die kleinen Zeitskalen (τ_p < 0,00000000001 s) in denen die Wechselwirkung stattfindet. Fokussierte ultrakurz gepulste Laserstrahlung beginnt, nicht lineare Absorptionsprozesse auszulösen, aus deren Folge jedes Material im Mikrometermaßstab ionisiert und ablatiert werden kann. Der Laser arbeitet im Gegensatz zu den Schleifprozessen verschleißfrei und kann mittels Strahlführung und -formung nahezu jede Werkstückgeometrie bearbeiten.

Für die Nutzung des Ultrakurzpulslasers als Werkzeug für den Formabtrag an mineralischen Gläsern ergeben sich einige wichtige und ungeklärte Fragestellungen, deren Antworten der gegenwärtige Stand in Wissenschaft und Technik nicht bereithält.

Die vorliegende Arbeit leistet einen wichtigen Beitrag, das Prozessverständnis zur Formgebung von mineralischen Gläsern basierend auf ultrakurz gepulsten Laserstrahlen zu erweitern und den Abtragsprozess in wichtigen, nachfolgend aufgeführten Fragestellungen beschreiben zu können.

Im Rahmen der Arbeit wurden zunächst optische Referenzmaterialien ausgewählt, die zum einen über eine große Relevanz für zukünftige freiformoptische Einsatzgebiete verfügen und zum anderen aufgrund ihrer Glasstruktur unterschiedliche Wechselwirkungsprozesse erwarten lassen. In ersten Voruntersuchungen wurden signifikante Prozessgrößen wie Pulsdauern, Pulsenergien, Wellenlängen und Bearbeitungsstrategien mit diesen mineralischen Gläsern experimentell ermittelt. Einen wesentlichen Schwerpunkt der Arbeit bilden die Untersuchungen zu erreichbaren Oberflächenstrukturen an den optischen

Materialien in Abhängigkeit von den vorstehend genannten Prozessparametern. Hierzu konnten wichtige Ergebnisse auch in Abhängigkeit von den verwendeten Pulsdauern (ps- und fs-Pulsdauer) demonstriert werden und ein sogenanntes Sättigungsrauheitsprofil nachgewiesen werden. Dazugehörige ermittelte Abtragsraten stellen einen wichtigen Bezug zur Beurteilung der Verfahrenseffizienz für den Einsatz in Prozessketten zur Formgebung von freiformoptischen Bauelementen dar. Einen sehr wichtigen Aspekt und einen weiteren Schwerpunkt bilden die Untersuchungen zum Einfluss der Laserstrahlung auf den optischen Gangunterschied sowie die Risstiefenschädigung im oberflächennahen Bereich der gewählten Gläser.

Das Abtragsregime der applizierten ultrakurz gepulsten Laserstrahlung erfolgt schichtweise. Im Rahmen der Arbeit werden diesbezüglich verschiedene Abtragsstrategien untersucht und Ergebnisse für ein an den Formabtrag angepasstes Regime diskutiert und ausgewertet. Eine wichtige Fragestellung, wie sich Materialrückstände infolge des Ablationsprozesses auf den weiterführenden Abtragsprozess auswirken, wird ebenso dargestellt wie auch eine spezielle Lösung zu einer Einhausung zur Partikelabfuhr, um Ablagerungsprozesse während der Bearbeitung minimieren zu können.

Im Ergebnis konnten wichtige wissenschaftliche Erkenntnisse der Arbeit für eine endformnahe, schädigungs-, spannungs- und rauheitsarme Prozessführung diskutiert und vorgestellt werden sowie diese an einer repräsentativen Freiformgeometrie erfolgreich demonstriert werden.

2 Stand der Technik

Im folgenden Kapitel werden die technologischen Grundlagen und der Stand der Technik zur Freiformbearbeitung in der Optiktechnologie dargestellt. Ausgehend von den Anforderungen an Form und Genauigkeit an Asphären und Freiformoptiken werden aktuelle Herstellungsmethoden dieser optischen Bauelemente dargelegt. Neben alternativen Verfahrensansätzen werden insbesondere auch die Möglichkeiten der laserstrahlbasierten Verfahren zum Formabtrag und Polieren vorgestellt. Des Weiteren werden die theoretischen Besonderheiten und Anwendungen von Ultrakurzpulslasern in der Wechselwirkung mit dielektrischen Materialien recherchiert und beschrieben.

2.1 Asphären und Freiformen in der Optik

Freiformoptiken und Asphären für abbildungsoptische Anwendungen sind hoch anspruchsvoll herzustellende optische Komponenten, die ihren Einsatz nicht nur in der Halbleiterindustrie, sondern auch in einer Vielzahl technischer Geräte finden. So bestehen beispielsweise hochwertige Fotokameraobjektive auch aus asphärischen Komponenten zur Kompensation von Abbildungsfehlern. Freiformoptiken können ferner nach ihrer optischen Wirkung in brechende (refraktive) Bauelemente wie Linsen oder Prismen, beugende (diffraktive) Bauelemente wie optische Gitter sowie spiegelnde (reflektive) Bauelemente kategorisiert werden.

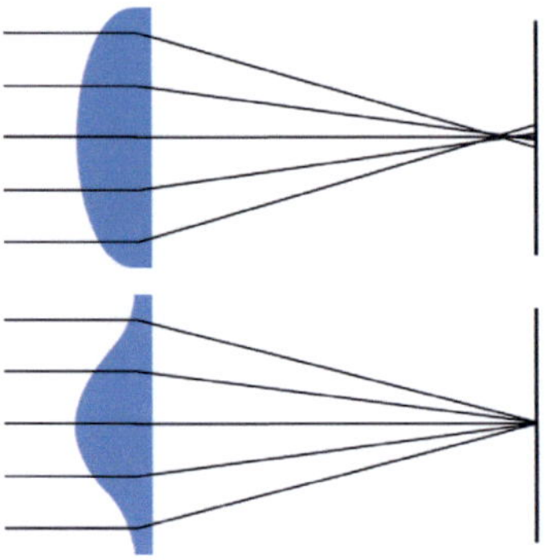

Abbildung 1: Prinzipskizze zur Kompensation sphärischer Aberrationen mit Verwendung einer Asphäre

Abbildung 1 illustriert den Vergleich sphärischer Aberrationen bei Verwendung einer sphärischen und einer asphärischen Fläche im Strahlengang. Es ist deutlich zu erkennen, dass bei der Sphäre der Fokus durch die stärkere Brechung der achsfernen Strahlen stärkere Aberrationen zeigt und sich folglich die Qualität der Abbildung reduziert. Als Maß gilt das Auflösungsvermögen, ein Kriterium für die Abbildungsleistung einer Optik, für welches die Modulationstransferfunktion (MTF) häufig Anwendung findet. Dabei wird bestimmt, wie viele nebeneinanderliegende Linienpaare, mit welchem Kontrast noch differenziert abgebildet werden. Diese Objektiveigenschaft kann durch die Verwendung von Asphären und Freiformen verbessert werden. Weitere Vorteile durch den Einsatz dieser Komponenten ergeben sich durch die Reduktion der Baugröße, der Anzahl der Komponenten und des Gewichts von optischen Systemen, wodurch gleichzeitig dem Trend zu Miniaturisierung und Individualisierung von Produkten entsprochen werden kann [Hen09], [Pap17]. Mit dem Wegfall der Forderung nach Rotationssymmetrie im optischen System gestaltet sich das Optikdesign flexibler, da mit noch mehr Freiheitsgraden gearbeitet und Strahlengänge entsprechend der mechanischen Vorgaben platzsparender entwickelt werden können. Diese Vorzüge können beispielsweise im Design von Systemen für die Luft- und Raumfahrt genutzt werden, bei denen ein Maximum an Funktionalität auf kleinstem Bauraum und minimalem Gewicht realisiert werden muss. Die Integration mehrerer Funktionen in einem Bauteil erlaubt z. B. die

Kombination mechanischer und optischer Funktionen und ermöglicht somit die Bereitstellung multifunktionaler Bauelemente. In Abbildung 2 ist ein aus Quarzglas gefertigtes Werkzeug zu sehen, das für das Durchstrahlschweißen eines Mikrofluidikchips für ein modernes Lab-on-a-chip-System in der Krebsforschung eingesetzt wird. Dieses Werkzeug ist mit konventionellen optischen Technologien derzeit nur eingeschränkt herstellbar.

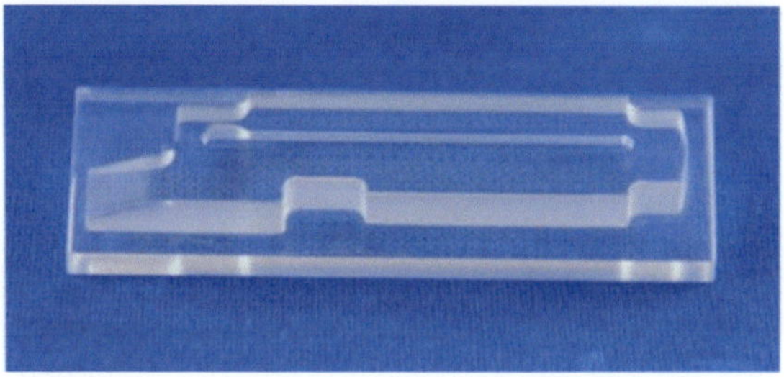

Abbildung 2: Freiformoptische Anwendung mit hoher Integration von optischen und mechanischen Funktionen: Werkzeug für die Herstellung eines Mikrofluidikchips [Bli18]

Die Verwendung von Freiformoptiken in abbildenden Systemen wird aktuell durch einige Limitationen noch stark begrenzt [Sch17]. Die Herstellung ist sehr aufwendig und besteht aus komplexen Fertigungsabfolgen, die stark erfahrungsgebunden sind. Der Fertigungsprozess solcher anspruchsvollen Komponenten erfordert eine erhöhte Anzahl an Prozessschritten, die, in Abhängigkeit von den Vorprozessen, oftmals eine iterative Bearbeitung erfordern. Beispielsweise ergeben sich nach dem Schleifen Formfehler und Mikrorisse im Glassubstrat, welche hohe Polierabträge zur Entfernung der geschädigten Zone und mehrere Korrekturzyklen zur Erreichung der finalen Formgenauigkeit bedingen.

2.2 Herstellungsverfahren

Für die Herstellung optisch wirksamer Flächen kann nach abbildungs- und beleuchtungsoptischen Anwendungen unterschieden werden [Sav07], [Kop10]. Die Grenzen bestimmen die Anforderungen an die

Oberflächenform. Der Passfehler am Ende der Wertschöpfung wird in Interferenzstreifen nach DIN 10110 gemessen, wobei die Toleranzen anwendungsspezifisch variieren. Typische Werte für die finale Einsatzgüte von hochwertigen abbildenden Optiken liegen bei einem Zehntel der Applikations- oder Referenzwellenlänge in der freien Öffnung. Als Referenzwellenlänge wird, wenn nicht anders festgelegt, die grüne Quecksilberlinie bei 546,1 nm verwendet.
Refraktive Optiken aus mineralischen Gläsern werden überwiegend trennend mittels klassischer und hochpräziser Schleif- und Polierverfahren hergestellt. Für hohe Stückzahlen kommen teilweise auch umformende Verfahren wie das Präzisionsblankpressen zum Einsatz. Allerdings ist dafür die Auswahl der optischen Materialien stark eingegrenzt und die erreichbaren Parameter schränken deren Einsatz für präzisionsoptische Anwendungen mit hohen Anforderungen ein [Pon04], [Klo06], [Hud15], [Lui15], [Gur18].
Für die Bearbeitung von Kunststoffoptiken und einigen Kristallwerkstoffen, z. B. Germanium, haben sich Ultrapräzisionsverfahren mit geometrisch bestimmter Schneide, insbesondere die Slowtool- oder Fasttool-Servotechnologien, etabliert [Bri08]. Die Fertigung diffraktiver Strukturen kann mit diesen Verfahren ebenso erfolgen, wird aber für höhere Auflösungsanforderungen an die Strukturen meist mit lithografischen Technologien wie der Grautonlithografie, der Talbotinterferometrie oder holografischen Methoden vorgenommen [Osh04], [Jau12], [Gat13].

Die Werkstoffgruppen - mineralische Gläser, Kunststoffe und Kristalle weisen z. T. sehr unterschiedliche physikalisch/chemische Eigenschaften auf. Im Folgenden wird sich auf die Formgebung von mineralischen Gläsern beschränkt, die zu der wichtigsten Werkstoffgruppe in der Präzisionsoptik gehört.

2.2.1 Schleif- und Polierverfahren

Im Vergleich zu planen und sphärischen Bauelementen ergeben sich für die Herstellung präzisionsoptischer Asphären und Freiformflächen in der Regel sehr zeitaufwändige Prozessketten. Als breit genutzte Basis dienen das Schleifen und Polieren. Abbildung 3 zeigt einen typischen Prozessablauf nach [Str10] für die Bearbeitung von Freiformflächen. Der Prozess beginnt mit der Auslegung des optischen Designs und der Bereitstellung relevanter Bauteil-information auf CAD/CAM-Ebene für den Herstellungsprozess. Nach Überprüfung und Erstellung der Maschinendaten werden die Bauteile vor- und feingeschliffen, vermessen und in mehreren Korrekturiterationen (Schleifstufen) der geforderten Qualität angenähert. Der anschließende Polierprozess ist für hochwertige optische Bauelemente deterministisch und beinhaltet eine verweilzeitgesteuerte Vorschubregelung, mit welcher abhängig vom Fehlerbild der Fläche gezielt lokal poliert und korrigiert wird [Bli10], [Sch03], [Mal17].

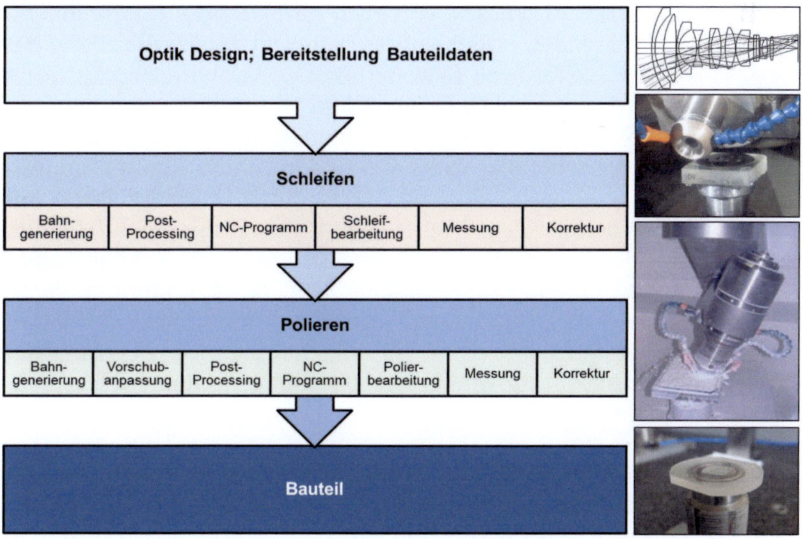

Abbildung 3: Klassische Schleif-/Polierprozesskette für die Bearbeitung von Freiformflächen nach [Str10];[Sch17] ohne Darstellung der Prüf-, Mess- und Hilfsprozesse

Schleifen ist nach DIN 8580 das Spanen mit geometrisch unbestimmter Schneide und gebundenem Korn. Zwischen Werkzeug und Werkstück bildet sich eine verfahrensspezifische Kontaktzone, auch Footprint genannt, heraus, die für die Qualität des Schleifergebnisses und die erreichbare Formgenauigkeit eine große Rolle spielt. Es werden Ringwerkzeuge mit linienförmigem Eingriff oder Formwerkzeuge mit flächenförmigem Eingriff (Pelletwerkzeuge) für das Schleifen von Sphären unter Rotation des Werkstücks genutzt. Für Asphären schließt sich nach dem Vorschleifen eines Best-Fit-Radius die Schleifbearbeitung der asphärischen Form mittels Umfangsschleifscheiben oder mit Topfwerkzeugen an. Dabei wird in mindestens zwei Achsen entlang des Werkstückes die Werkzeugbahn interpoliert. Spindel- und Werkstückdrehzahl variieren dabei so, dass sie kein Vielfaches voneinander einnehmen, um Schwingungen und Überstrukturen auf der bearbeiteten Fläche zu vermeiden. Das Schleifen erfolgt stufenweise mittels Vor-, Fein- und Feinstschleifen, um die jeweils durch den Vorprozess verbleibenden Schädigungen stufenweise zu reduzieren [Sur16], [Schn17]. Dieses Vorgehen reduziert die Bearbeitungsdauer für den folgenden Polierprozess aufgrund der Minimierung der rissgeschädigten Zone. Eine Erweiterung der Verfahrenskomplexität ergibt sich bei der Bearbeitung von Freiformflächen. Sie sind nicht rotationssymmetrisch und weisen asymmetrische Anteile auf, die eine erweiterte Maschinenkinematik erfordern. Dafür kommt mindestens eine weitere zu interpolierende Achse hinzu, da jeder Punkt auf der Fläche bearbeitet werden muss. Die Prozessfolge ist aufwendig, komplex und auch stark abhängig vom Kenntnisstand und den Erfahrungen des ausführenden Mitarbeiters. Nicht selten kommt es durch Fehler im Ablauf zu zusätzlichen Bearbeitungsiterationen und damit erhöhten Fertigungskosten. Eine Vereinfachung bzw. Verkürzung der Prozesskette durch ein substituierendes Verfahren könnte helfen, Kosten zu sparen.

Typische Schleifparameter sind in Abbildung 4 zu erkennen. Sowohl die Beschaffenheit der Werkzeugmaschine und des Werkzeuges als auch die Arbeitsparameter beeinflussen beispielsweise Wirkkriterien wie die Zerspankraft, den Werkzeugverschleiß oder die Temperatur und führen zu charakteristischen Prozesskenngrößen und Bearbeitungsergebnissen.

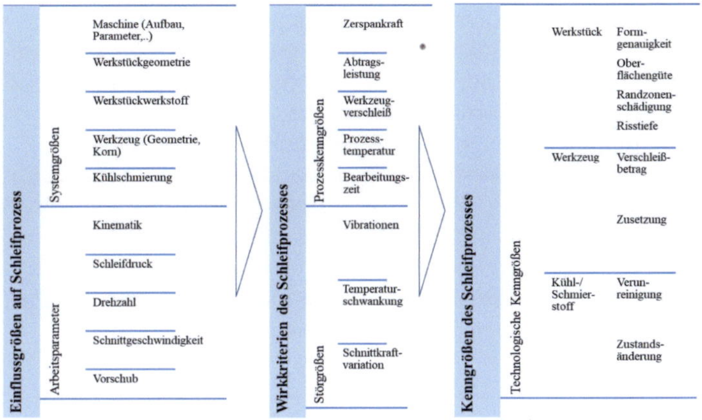

Abbildung 4: Zusammenfassung der Schleifparameter nach [Spu80]

Durch den Einsatz ultrapräziser Maschinentechnik mit hydrostatischen Führungen, Präzisionsantrieben und massiver Maschinengestaltung können Nachteile der konventionellen Fertigung ausglichen und Bahngenauigkeiten von unter einem Mikrometer erreicht werden.

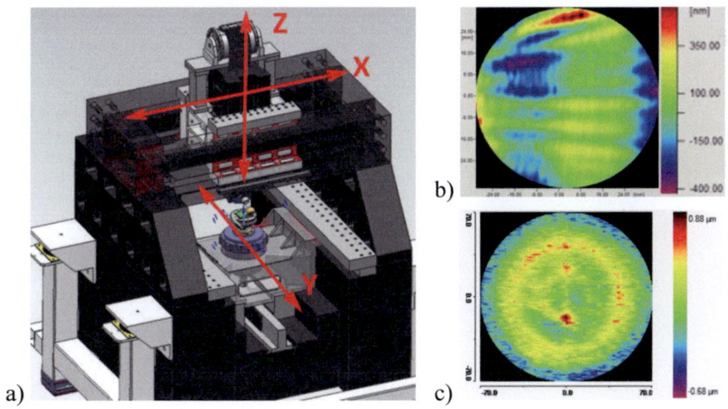

Abbildung 5: Ultrapräzisionsschleifbearbeitung. a) Schematische Darstellung einer Ultrapräzisions-(UP)-Schleifmaschine, Fa. Optotech; b) Formfehler von > 1 µm und periodische Strukturen von λ = 0,5–5 mm einer Freiform nach Standardschleifverfahren erschweren die lokale Politur und Korrektur; c) Formfehler von < 1 µm und verringerten periodischen Strukturen einer Freiform nach UP-Schleifverfahren [Koe16]

Dies ermöglicht Freiformschleifergebnisse mit Formfehlern < 1 µm und verringerten periodischen Strukturen, wie beispielsweise in Abbildung 5 zu sehen sind. Problematisch gestaltet sich die in Abbildung 3 vorgestellte Prozesskette in Bezug auf die Formgebung mittels Schleifen demnach in den folgenden Punkten:

- Der konstante Werkzeugverschleiß, Verformungen am Werkstück und Werkzeug sowie thermische Einflüsse führen zu einem zeitlich veränderlichen Footprint und prägen damit das Werkzeugmaß. Das äußert sich in einem kontinuierlich wachsenden Formverlust, welcher ein häufiges, iteratives Abrichten und die Korrektur der Werkzeugform erfordert.
- Konkave Radien und Strukturen im Millimeterbereich erfordern wie in Abbildung 6 ersichtlich kleine Werkzeugdurchmesser und zur Erreichung der notwendigen Schnittgeschwindigkeiten hohe Drehzahlen. Der Radius des Schleifwerkzeuges r_{WZ} ist größer als der lokale Radius des Werkstückes r_{WS}, wodurch die Form des Werkstückes nicht bearbeitet werden kann und kleine Werkzeugradien erforderlich sind. Steife, dämpfungsstarke und damit teure Maschinentechnik mit massiven Maschinengestellen und hydrostatisch gelagerten Spindelsystemen sind notwendig, um Formgenauigkeiten im Mikrometerbereich, Schädigungstiefen von 15 µm oder weniger und geringe Welligkeitsfehler zu realisieren [Bea14], [Sche17].
- Weiterhin können Flächenanstiege und Werkstückdurchmesser im einstelligen Millimeterbereich durch das Umfangsschleifen kaum bzw. gar nicht prozessiert werden. Die technischen Möglichkeiten, diese Werkstücke mit der nötigen Haltekraft gegenüber den auftretenden Bearbeitungskräften beim Schleifen zu sichern, sind nur schwer zu realisieren.

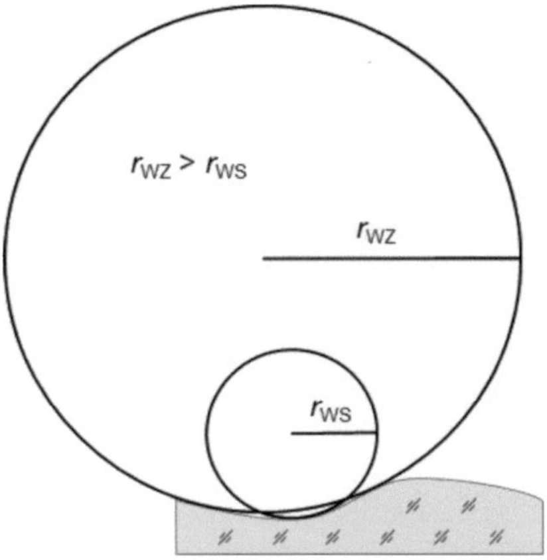

Abbildung 6: Darstellung der Beziehung der verschiedenen Radien zwischen Schleifwerkzeug und Werkstück

Nach der Formgebung schließen sich für Asphären und Freiformflächen Polierprozesse mit mehrachsigen Polierzentren und Polierrobotern sowie Formkorrekturen an. Charakteristisch für die Polierverfahren nichtsphärischer Flächen ist ein lokaler, punktförmiger Footprint, dessen Abtragsfunktion gemessen und mathematisch beschrieben sowie geschwindigkeits-zeit-gesteuerte Abläufe simuliert und hinsichtlich Bahnabständen und Bearbeitungszeiten optimiert werden. Mit einer finalen Bearbeitungsstrategie werden die Bauelemente aus dem matten Zustand poliert. Nach interferometrischer Messung wird die finale Form mittels CCP- (Computer-Controlled-Polishing) und/oder MRF-Verfahren (Magneto-Rheologic-Finishing) und bei sehr hohen Qualitätsanforderungen auch mit dem sehr genauen, aber zeitintensiven IBF-Verfahren (Ion-Beam-Finishing) erreicht. Dieses Vorgehen ist sehr zeitaufwendig und stark abhängig vom vorherigen Schleifergebnis. So bestimmen zum einen die Rauheit und die Schädigungstiefe den notwendigen Abtrag für die Politur, zum anderen beeinflussen verbliebene mittelfrequente Welligkeitsfehler ($\lambda = 0{,}5 < x < 5$ mm) die generelle Eignung und das Verfahren für die lokale Korrektur [Rot12], [Gig12], [Sur05], [Sura05]. Die Fehlerstrukturen müssen mit einem entsprechend der Fehlerwellenlänge adäquaten Verfahrens-Footprint reduziert werden können, man sagt „im Fangbereich" der jeweiligen Korrekturverfahren liegen.

Die Wahl und Kombination der Verfahren richtet sich dabei stark nach den Spezifikationen der Bauelemente und ist z. T. konsekutiv. Je nach Anforderungen in Bezug auf Passfehler, Geometrie und Rauheit können separate Prozessketten aufgestellt werden. Sowohl die Abweichungen in Form und Oberflächenqualität als auch die Rauheit können im Bereich von mehreren zehn Nanometern, also einem Bruchteil der Applikationswellenlängen liegen [Boe05], [Jed15], [Koe16]. Zur Beurteilung der Wirtschaftlichkeit werden die Footprints der Verfahren sowie die Abtragsraten bewertet.
Der Polierabtrag und die damit verbundenen Polier- und Prozesszeiten sind abhängig vom Ausmaß der geschädigten Risstiefenzone, auch Schädigungstiefe, Störtiefe oder Subsurface Damage, kurz SSD, genannt [Sura05]. Der Begriff stellt das Maß der geschädigten Zone im oberflächennahen Bereich einer sprödharten Probe dar, kann bis zu mehreren 100 µm stark sein [Sur05] und ist umso größer, je höher der Summenfehler aus Achsfehlern bei der Positionierung, thermische Einflüsse, Vibrationen, Werkzeugkörnung, Werkzeugunwucht und Werkzeugverschleiß ist [Bec02], [Yin12].
Oberflächen mit guter optischer Qualität sind poliert, gereinigt und beschichtet. Sie absorbieren die einfallende Lichtenergie nur im Bereich von 10^{-4} J. Verschmutzungen, eingebettete Verunreinigungen und durch die Vorbearbeitung noch vorhandene Schädigungen wie Mikrorisse können bei sehr hohen Energiedichten wie z. B. bei der Durchstrahlung mit Laserstrahlen dazu führen, dass wiederum laserinduzierte Schädigungen (Laser-Induced Damages, LID) und damit der Ausfall der optischen Komponente auftreten. Um die Empfindlichkeit dieser Materialien gegenüber diesen Schäden zu senken, werden Maßnahmen getroffen, die Zerstörschwellen, auch Laser-Induced Damage Thresholds (kurz LIDT), zu erhöhen. Dafür werden Schleif- und Poliertechniken zur Erzeugung geringster SSD stetig weiterentwickelt und Reinigungs- und Präperationsverfahren angewandt, um die SSD zu minimieren [Bas09]. So nähert man sich mit den formgebenden Schleif- und den Polierverfahren an die finale Geometrie an, in dem schrittweise immer feinere Einstellungen gewählt werden, um vorhergehende Schäden zu verringern und schließlich zu entfernen. SSD entstehen beim Spanen durch die Kerbwirkung der abrasiv wirkenden Schleif- und Polierkörner und sind in Tiefe und Ausprägung hauptsächlich abhängig von den Eigenschaften des bearbeiteten Materials sowie des Abrasivs und den

Arbeitsbedingungen wie Arbeitsdruck und Schnittgeschwindigkeit [Sur05].
Die genannten Defizite lassen es notwendig erscheinen, nach alternativen Verfahren zu suchen, um die genannte Prozesskette entweder zu verkürzen oder sogar ganz zu substituieren.

2.2.2 Alternative Verfahren

Das Präzisionsblankpressen ist ein Glasumformprozess, bei dem mittels Druck- und Wärmeeinfluss die Form eines Glashalbzeuges plastisch geändert wird. Der Prozess zählt zu den dominierenden Umformverfahren der Optiktechnologie und wird hauptsächlich bei großen Stückzahlen eingesetzt [Pon04], [Klo06], [Lui15]. Mit dem Verfahren lassen sich sehr wirtschaftlich Bauelemente mit komplexen, optisch wirksamen Flächen (Asphären, Freiformflächen) in großen Stückzahlen herstellen, welche mit der klassischen Schleif- und Polierprozesskette nicht oder nur sehr aufwendig zu realisieren sind. Durch die hohen Anforderungen an die Formabweichung, die Rauheit und das hohe Prozesstemperaturregime entstehen hohe Herstellungskosten im Werkzeug- und Formenbau, welche eine wirtschaftliche Fertigung erst bei Stückzahlen > 10.000 sinnvoll erscheinen lassen. Die hohen Prozesstemperaturen während der Formgebung erfordern ein hohes Maß an Prozessverständnis glasspezifischer Temperzyklen zur Minimierung von Brechzahlunterschieden und durch Spannungsdoppelbrechung induzierten optischen Gangunterschieden. Somit sind präzisionsblankgepresste Bauelemente eher für den Einsatz in Massenmarktanwendungen wie z. B. asphärische Kamera- und Autofokuslinsen sowie Scheinwerfersysteme geeignet [All06], [Klo10], [Bli11] und weniger für Kleinserienfertigung.
Auf Basis von Plasmajetverfahren kann eine auf Quarzglas, Silizium, BK7 und ULE-Gläser begrenzte Glasauswahl plasmagestützt unter hoher Temperatureinwirkung trocken geätzt werden [Arn15], [Arn17]. Freiformflächen für Strahlformungsoptiken mit Flächenamplituden von ≈ 150 µm, mit Rauheiten im einstelligen nm-Bereich und Formgenauigkeiten < 1 µm können gefertigt werden.
Zu weiteren wichtigen Formgebungsverfahren für mineralische Gläser zählen die laserbasierten Strahlverfahren. Aufgrund der Bedeutung dieser Verfahren für die vorliegende Arbeit, werden diese im folgenden Abschnitt ausführlicher beschrieben.

2.3 Laserstrahlformabtragen

2.3.1 Verfahrenseinordnung

Die Einteilung der Fertigungsverfahren erfolgt laut DIN 8580 in sechs Hauptgruppen. Das Trennen ist die Hauptgruppe 3 und wird nochmals in sechs Gruppen unterteilt. Als vierte Gruppe teilt sich das Abtragen nach DIN 8590 und DIN 2310-6 in weitere drei Untergruppen. Die im Folgenden vorgestellten strahlbasierten Verfahren ordnen sich innerhalb des thermischen Abtragens in die Gruppen 3.4.1.4. durch Gasentladung und 3.4.1.5 durch Strahl wie in Abbildung 7 dargestellt ein.

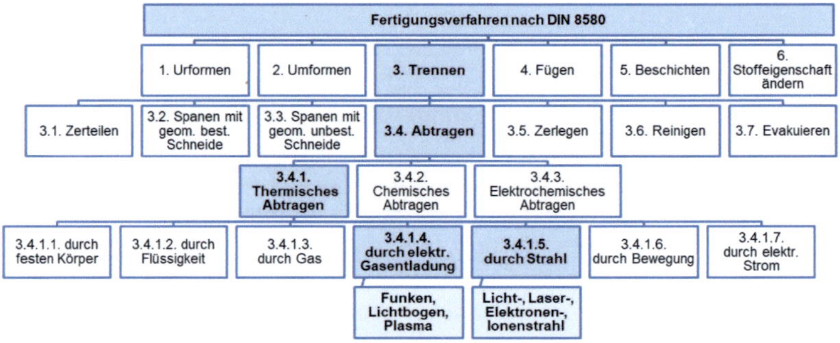

Abbildung 7: Fertigungsverfahren nach DIN 8590 und DIN 2310-6

Ergänzend beschreibt DIN 32540 detaillierte Verfahren, Einfluss- sowie Kenngrößen zur abtragenden thermischen Bearbeitung von Werkstücken mit Lasern und deutet auf Durchführung und Anwendungen hin:

- Erzeugung dreidimensionaler Strukturen in Werkstücken,
- Entfernung dünner Oberflächenschichten,
- Änderung bestimmter Oberflächeneigenschaften (z. B. geometrische, optische oder chemische).

Der Begriff Laserstrahlabtragen wird als „Fertigen durch Abtrennen von Stoffteilchen im festen, flüssigen oder dampfförmigen Zustand von einem festen Körper durch wärmeinduzierte Prozesse“ definiert

und durch weitere Spezialformen ergänzt. Der Kern der Arbeit beschäftigt sich demnach mit dem Laserstrahlformabtragen, also dem „Abtrennen von Werkstoffteilchen zur gezielten Veränderung der vorhandenen Oberflächengestalt oder Geometrie eines Werkstücks".
Laut [Pop05] wird die Mikrostrukturierung anhand erreichbarer Abtragstiefen T_A in drei Bereiche unterteilt:

- konventionelle Bearbeitung: $T_A > 8$ µm,
- Präzisionsbearbeitung: $0{,}8 < T_A < 8$ µm und
- Ultrapräzisionsbearbeitung: $T_A < 0{,}8$ µm.

Damit stellt sich durch den Einsatz von ultrakurz gepulster Laserstrahlung die Arbeitsgenauigkeit im Übergangsbereich von der Präzisions- zur Ultrapräzisionsbearbeitung ein. Die Ultrakurzpulslaser-basierten Verfahren sind durch athermische Prozesscharakteristika gekennzeichnet. Der dadurch entstehende Widerspruch zur Einordnung in die Gruppe 3.4.1 „Thermisches Abtragen" aus Abbildung 7 ist Gegenstand aktueller Normdiskussion.
Die Formgebung mittels CO_2-Laser wird in [Wlo11], [Hei14] beschrieben. Kontinuierlich emittierende CO_2-Laserstrahlung wird im vorgeheizten Quarzglas oberflächennah absorbiert und erwärmt dieses bis zur Verdampfungstemperatur, sodass es z. T. schmilzt und im Phasenübergang sublimiert wird. In [Hei14] werden mittels unidirektional über das Glasbauteil geführter Laserstrahlung scangeschwindigkeitsabhängige Grob- und Feinstabtragsprozesse beschrieben, welche zu einer Prozesskette kombiniert werden. Die vertikale Auflösung des Verfahrens, also der realisierbare, flächige Abtrag in z-Richtung liegt zwischen 15 nm bis hin zu 1,8 mm. Leistungsinstabilitäten führen zu wenig reproduzierbaren Ergebnissen und 100-fach erhöhten Welligkeitswerten im Vergleich zu klassisch polierten Proben. In [Wei16] werden Korrekturabträge in Quarzglas im Nanometerbereich mittels gepulster CO_2-Laserstrahlung gezeigt und darauf hingewiesen, dass es zu thermischen Schäden und Kompaktierungseffekten innerhalb des verbleibenden Materials kommt. In [Sch16] und [Hec12] werden Ergebnisse mit selbiger Prozesskette zur Politur von BK7 vorgestellt mit dem Ergebnis einer starken thermischen Schädigung des Werkstoffes, welche nur durch nachgelagertes Feinkühlen abgebaut werden kann. Infolge der induzierten Verspannungen ändert sich dabei die Form des Werkstückes. [Wlo11] nutzt eine ähnliche Prozesskette, in welcher optische Strahlformungselemente, kommerziell für Diodenlaser mit

Flächenamplituden im Bereich von 150 µm und einem Toleranzbereich von 1 µm, ebenfalls mit gepulster CO_2-Laserstrahlung mit Pulsdauern < 100 µs gefertigt werden.
In [Bek12], [Lor14] werden lithografische Technologien vorgestellt, bei denen Maskenstrukturen in unterschiedlichen Abbildungsmaßstäben mittels homogenisierter, kurzwelliger Excimerlaserstrahlung auf die Werkstückoberfläche abgebildet werden. Die Strahlung wird absorbiert und Material abgetragen. Der Prozess kann mittels Mehrfachbelichtung und Positionsverschiebung für eine Formgebung im Mikrometerbereich genutzt werden.
[Böh07] erläutert ein laserbasiertes Rückseitenätzverfahren, bei dem hochenergetische UV-Excimerlaserpulse im Nanosekundenbereich durch ein transparentes Werkstück strahlen, rückseitennah in einem Lösemittel absorbiert werden und im Grenzbereich zum Festkörper erosiv bzw. modifizierend wirken. Mit dem Verfahren können Gitterstrukturen, Mikrolinsen und asphärische Flächen mit einer Ausdehnung im unteren Millimeterbereich, Amplituden im Submikrometerbereich und Rauheiten < 10 nm erzielt werden.
Durch die thermische Wechselwirkung und Beeinflussung des Substratmaterials und die z. T. begrenzte Materialauswahl der in der Literatur beschriebenen Verfahren ist die Eignung dieser für eine Formgebung von mineralischen Gläsern für präzisionsoptische Anwendungen stark eingeengt. Erfolgversprechend hingegen erscheinen ultrakurz gepulste laserbasierte Formgebungsverfahren, wenn es gelingt, einen quasi athermischen Prozess in der Wechselwirkung zwischen Laserstrahl und mineralischen Gläsern umsetzen zu können [Sch17].
Folglich werden die weiteren Ausführungen schwerpunktmäßig auf die Formgebung mit ultrakurz gepulster Laserstrahlung gelegt.
Die Entwicklung von Ultrakurzpulslasern und innovativen Technologien zur Stabilisierung, Skalierung und Bereitstellung der Laserstrahlung hat in den letzten Jahren zu gesteigertem Absatz und Akzeptanz in der Industrie geführt.
Die ersten umfassenden grundlagenwissenschaftlichen Untersuchungen liegen bereits einige Jahre zurück [Nol99], [Ret99], sind jedoch immer noch Bestandteil der fundamentalen Basis. Aktuell findet eine Vielzahl von Entwicklungen statt, die den Laser als effizientes Werkzeug für die Materialbearbeitung, größtenteils in der Metall- oder auch der Displaybearbeitung, etablieren sollen [Neu14], [Jen18]. Bezüglich einer direkten und gezielten Formgebung an mi-

neralischen Gläsern gibt es aktuell nur wenige Veröffentlichungen bzw. nutzbare Technologien. Ein auf Ultrakurzpulslasertechnologie basierendes Verfahren, bei dem Einzelkomponenten aus Glas definiert und flächig im Volumen durch fokussierte Laserpulse geschädigt und anschließend mittels Flusssäure von außen beginnend geätzt werden, wird in [Kim04], [Sch13] beschrieben. Das mit Laser modifizierte Volumen wird dabei bis zu 10-fach schneller geätzt als unbestrahltes Material, sodass nach entsprechender Ätzdauer 3D-Mikrostrukturen entstehen [Fen14], die jedoch für die Verwendung in optischen Systemen nachgearbeitet, poliert und geglättet werden müssen.

2.3.2 Absorptions- und Abtragsmechanismen mit ultrakurzen Laserpulsen

Wenn ein Laserpuls der Wellenlänge λ und der Pulsdauer τ_p auf einen Festkörper trifft, absorbieren Elektronen Energie. Je nach verwendeter Strahlung werden dabei unterschiedliche optische Eindringtiefen erreicht. Der Zusammenhang ist über das Lambert-Beersche Gesetz definiert:

$$I(r) = I_0 \cdot \mathrm{e}^{-\alpha r} \qquad (1)$$

Die Intensität I der Strahlung verringert sich in Bezug auf die Anfangsintensität I_0 an der Werkstoffoberfläche mit zunehmender Eindringtiefe r in Abhängigkeit vom wellenlängen- und werkstoffspezifischen Absorptionskoeffizienten α [Rud01], [Eic10].

Elektronen werden durch das elektrische Feld des Laserpulses bewegt. Durch die Kollision mit den Elektronen beginnen sie innerhalb von 100 fs [Ruf04] zu schwingen. Anschließend wird die absorbierte Energie an das Festkörpergitter übertragen und als Wärme ins Innere transportiert. Diese Relaxations- oder Thermalisierungszeiten laufen ungefähr in einer Zeitdauer bis zehn Pikosekunden ab und sind materialspezifisch [Nol99], [Ret99].

Der Materialabtrag und die Ausprägung der Wärmeeinflusszone und damit des Schädigungsbereiches, also der resultierenden Bearbeitungsqualität, sind von der Wärmeleitung abhängig [Jan97]. Die thermische Diffusionslänge L_{th} oder auch Wärmeeinflusszone (WEZ) ist von der Pulsdauer τ und der werkstoffspezifischen Wärmeleitfähigkeit κ abhängig und lässt sich wie folgt beschreiben:

$$L_{\text{th}} \sim \sqrt{2\kappa \cdot \tau} \qquad (2)$$

Sie steht für die Entfernung vom Temperaturmaximum im Werkstoff zum Abklingpunkt auf den $e^{-1/2}$-Teil [Mat94]. Die Tiefe des Energieeintrages ist demnach vom Werkstoff, der Laserwellenlänge und von der Pulsdauer abhängig.
Erste grundlegende Überlegungen zur Erklärung mikroskopischer Prozesse bei der Wechselwirkung intensiver Laserpulse mit dem Festkörper wurden von [Ani67] dargelegt. Jüngere Ergebnisse zu ultrakurzen Laserpulsen liegen nach [Ret99], [Nol99] vor und bilden gemeinsam die Basis für das Zwei-Temperatur-Modell. Es lassen sich drei Bereiche festlegen:

- Die Laserpulsdauer ist sehr viel größer als die Gitteraufheizzeit und es kommt in Folge des Pulses zum Schmelzen und Verdampfen des Materials, da Wärmeenergie über Diffusion bzw. Wärmeleitung aus dem Fokusvolumen an das Gitter abgeführt wird.
- Für Pulsdauern von mehreren zehn Pikosekunden bleibt die Gittertemperatur über die gesamte Pulsdauer kleiner als die Elektronentemperatur und die thermische Eindringtiefe nimmt ab.
- Für Pulsdauern im Femtosekundenbereich bis zu einigen Pikosekunden kommt es durch die kurze Pulsdauer zur direkten Sublimation und schnellen Expansion des Materials. Wärmeleitungseffekte können somit sehr stark minimiert werden, sodass die thermische Eindringtiefe ebenfalls sehr gering ist.

Neben den genannten Bereichen werden Dielektrika dazu durch eine Bandlücke, einen energetischen Abstand zwischen Valenz- und Leitungsband, gekennzeichnet, welcher durch intensive Strahlung mit entsprechend hoher Photonenenergie von den Elektronen überwunden werden kann. Die Energieeinbringung und -verteilung ist durch nicht lineare Prozesse gekennzeichnet [Ret99], [Bul16]. Dem als dielektrischer Durchbruch bezeichneten Zustand werden durch die hohen Elektronendichten im Leitungsband metallische Eigenschaften zugesprochen (Absorption, Reflexion).

Für die Erzeugung von freien Elektronen im defektfreien, transparenten Festkörper kommen dabei im Wesentlichen die Multiphotonenionisation und die Elektron-Elektron-Stoßionisation in Frage. Bei der Multiphotonenionisation absorbiert ein Elektron im Valenzband die Energie von mehreren Photonen, um die materialspezifische Bandlücke, das sog. Ionisationspotenzial, zu überwinden, und gelangt so ins Leitungsband. Bei sehr hohen Intensitäten geht der Prozess in die Tunnelionisation über. Der vorherrschende Ionisationsprozess kann über den sog. Keldysh-Parameter abgeschätzt werden [Kel65], [Sch01]. Die Stoßionisation beschreibt die Übertragung von Bewegungsenergie eines angeregten, hochenergetischen Leitungselektrons auf ein Valenzelektron und damit dessen Überwindung des Ionisationspotenzials. Der Prozess erfordert das Vorhandensein von Leitungselektronen und kann zur stoß- bzw. lawinenartigen Ionisation und folglich zu Strukturänderung bzw. Ablation führen [Man86], [Ret99].
Welche genauen physikalischen Prozesse zur Erzeugung von Elektronen im Dielektrikum und folglich des entstehenden Plasmas dominieren, ist auch nach aktuellem Kenntnisstand durch die Vielzahl von raum- und zeitabhängigen, linearen und nicht linearen Abläufen nicht abschließend beschreibbar [Ris14]. In [Bul16] werden zwei Fälle diskutiert, die Involumen- und die Oberflächenionisation, deren Abläufe größtenteils mit einzelnen Pulsen genähert dargestellt und simuliert werden können. Für das Mehrpulsregime fehlt es an Modellen und Rechentechnik. Es stellt eine große Herausforderung dar, die Modelle an die sich in ihrer zeitlichen Abfolge lokal überlappenden Pulse und die sich dadurch nicht linear ändernden mikroskopischen Materialzustande (der Inkubation und Akkumulation von Wärme) anzupassen. Ablationsmodelle zur Ionisation und Kraterbildung sind ablationsschwellennah erläutert und verlieren nach [Bul16] bei höheren Fluenzen ihre Gültigkeit. Die Beschreibung der Einflüsse von Volumendefekten (z. B. Verunreinigungen oder Materialinhomogenitäten), Abweichungen vom idealen, modellhaften Volumenfestkörper sowie der Oberflächenbeschaffenheit ist Gegenstand anhaltender Diskussion [Ret10], [Sot13], [Bul14], [Bul16].
Eine mikroskopische Veränderung des Materials tritt auf, sobald genügend Energie durch Ionisation im Material deponiert wurde, um dieses irreversibel oder reversibel, aber detektierbar zu beeinflussen [Wag08].

Als makroskopische Veränderung wird ein irreversibler Abtrag des Werkstoffes verstanden [Rud01]. Die Bestrahlung erfolgt dabei oberhalb einer definierten Schwellenenergiedichte [Pre93]. Diese Fluenzschwellen sind, bei konstanter Wellenlänge und Pulsdauer, für jeden Werkstoff verschieden, werden in J/cm^2 angegeben und resultieren aus der Dichte ρ des Werkstoffes, der Reflektivität R und der Sublimationsenthalpie ΔH_s (Schmelz- und Verdampfungsenthalpie), also der zur Sublimation benötigten Energie, sowie dem Absorptionskoeffizienten α als auch der molaren Masse M zu:

$$F_{\mathrm{th}} \cong \frac{\Delta H_S \cdot \rho}{(1-R) \cdot \alpha \cdot M} \tag{3}$$

Man spricht von Einzelpuls- und Mehrpulsschwellwerten.
Angelehnt an die aus dem Zwei-Temperatur-Modell bekannten Zeitbereiche wird anhand der Pulsdauer wie folgt unterschieden. Bei Pulsdauern > 10 ps entstehen wärmeinduzierte Schäden in Form von Schmelze, Verdampfung und Spannungsrissen. Hier zeigt die Schwellfluenz F_{th} eine Abhängigkeit von der Pulsdauer τ:

$$F_{th} \sim \sqrt{\tau} \tag{4}$$

Bei Pulsdauern < 10 ps wird die Energie in einer Zeitdauer absorbiert, welche kürzer ist als die Zeit für den Energietransfer ins Gitter. Eine Vielzahl von Elektronen wird im Fokus aus den Atomen des Dielektrikums entfernt und führt zum optischen Durchbruch und Plasma, wodurch die zurückbleibenden Ionen einander abstoßen und in Form der Coulomb-Explosion in den Halbraum expandiert werden [Bul04], [Bul05]. Bei vergleichsweise großen Pulsdauern in diesem Zeitbereich spielen Defekte eine zunehmende Rolle für die Bereitstellung von freien Elektronen zur Plasmabildung.
Für die Abtragstiefe pro Puls bzw. die Abtragsrate gilt der experimentell ermittelte Zusammenhang in logarithmischer Form mit α als Absorptionskoeffizienten für Einzelpulsabtrag ohne Betrachtung der Inkubation und Akkumulation von Wärme an Metallen, Polymeren und auch für einige Gläser [Chi96], [Kau96], [Her99], [Iza06].

$$T_A \simeq \frac{1}{\alpha} ln(\frac{F}{F_{th}}) \qquad (5)$$

Da bei der Wechselwirkung ultrakurzer Laserpulse mit Dielektrika Elektronen frei werden, wird die bestrahlte Oberfläche stark positiv aufgeladen [Bul04]. Bei hohen Intensitäten (typischerweise > 1.014 W/cm^2) übersteigen die Abstoßungskräfte dieser entstehenden Ionen die Gitterbindungskräfte und es kommt zum Ablösen von Material auf atomarer Ebene [Bas09]. Diese Coulomb-Explosion ist Auslöser für eine expandierende Schockwelle, die das verbleibende Substratmaterial bis zum Doppelten des ursprünglichen Eigendruckes verdichtet und Phasenübergänge bewirkt. Die extreme Wechselbelastung (fest-flüssig, heiß-kalt) innerhalb von Nanosekunden mit lokalen Temperaturunterschieden und bei hohen Pulsüberdeckungen von ca. 0,7–0,8 führt zu hohen lokalen Zug-/Druckbelastungen in den Wechselwirkungsvolumina, deren Größenordnungen ähnlich der des Fokusdurchmessers sind [Mis06]. Dabei kommt es durch das unausgeglichene Verhältnis zwischen maximaler Zug- und Druckbelastung bei Gläsern von 1/10 bis 1/15 zur Rissbildung und Ausprägung einer Schädigungszone ähnlich wie beim Schleifen.

2.4 Einflussgrößen beim schichtweisen Abtrag

Der Laserabtrag mit ultrakurzen Laserpulsen hängt von einer Vielzahl von Einflussgrößen ab. Neben Laserparametern wie Wellenlänge und Fluenz haben auch die gleichmäßige Strahlführung, das Material und die Prozessperipherie Einfluss darauf, welche Qualität die Oberfläche nach dem Abtrag vorweist. Der Überblick im Ishikawa-Diagramm in Abbildung 8 soll dazu dienen, die wichtigsten Einfluss- und Zielgrößen für den Materialabtrag an Glas gegenüberzustellen.

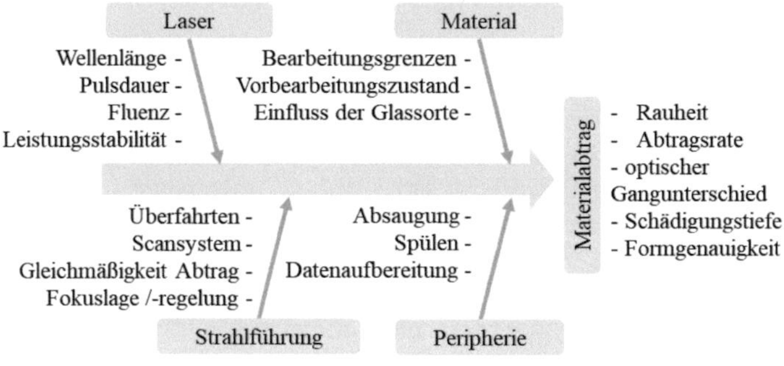

Abbildung 8: Ishikawa-Diagramm zu Einfluss- und Zielgrößen des Materialabtrages

2.4.1 Wellenlänge

Mit Herabsetzen der Bearbeitungswellenlänge λ bzw. Erhöhung der Lichtfrequenz ν erhöht sich die Photonenenergie E_{ph} nach

$$E_{\text{ph}} = h \cdot \nu \tag{6}$$

mit h als planckschem Wirkungsquantum. Das bedeutet, die zur Ionisation des Materials benötigte Photonenanzahl und folglich die Ordnung der Multiphotonenionisation reduziert sich. Dies geschieht technisch durch Frequenzkonversion der Fundamentalwellenlänge des Lasers, meist nach dem Laserkopf mittels zusätzlicher nicht linear optisch wirksamer Kristalle mit Konversionseffizienzen von erster zu zweiter harmonischer Frequenz im Bereich < 50 % [Sch02]. Durch die bessere Fokussierbarkeit kürzerer Wellenlängen, auch begründet durch die Abbe'sche Theorie der optischen Auflösung

$$d = \frac{\lambda}{n \cdot \sin\alpha}, \tag{7}$$

ergeben sich genauere Bearbeitungsergebnisse bei der Strukturierung von 2,5D-Strukturen in metallischen, keramischen und dielektrischen Materialien [Kno06], [Som10], [Neu18]. Dabei sind n die Brechzahl, α der Aperturwinkel und d der kleinste auslösbare Abstand. Inwieweit sich das für die Strukturierung auf optische Gläser übertragen lässt, findet sich aktuell nicht und muss untersucht werden.

2.4.2 Pulsdauer

Mit kleiner werdender Pulsdauer τ_p und einhergehend größeren Pulsspitzenleistungen erhöht sich bei konstanter Pulsenergie nach

$$I = \frac{\hat{P} \cdot \tau_p \cdot f_R}{\pi \cdot d_f^2} \tag{8}$$

die Intensität I, mit d_f als Fokusdurchmesser in der Taille, f_R als Pulswiederholrate oder Repetitionsrate und $\hat{P}$ als Pulsspitzenleistung. Nach [Nol99], [Wei05] ist bekannt, dass sich die Schwellwerte für die einsetzende Ablation durch die höheren Intensitäten im Vergleich zu höheren Pulsdauern verringern und gleichzeitig die Präzision des Abtrages steigt, da die Wärmeeinflusszone nochmals reduziert wird. Deutlich wird dies anhand des Mikrobohrens von Silizium in Abbildung 9. Qualitätsunterschiede sind gerade in Bezug auf eine Gratbildung, Formabweichung und der Ausprägung einer Wärmeeinflusszone zu erkennen. Diese Effekte lassen sich mit abnehmender Pulsdauer deutlich minimieren.

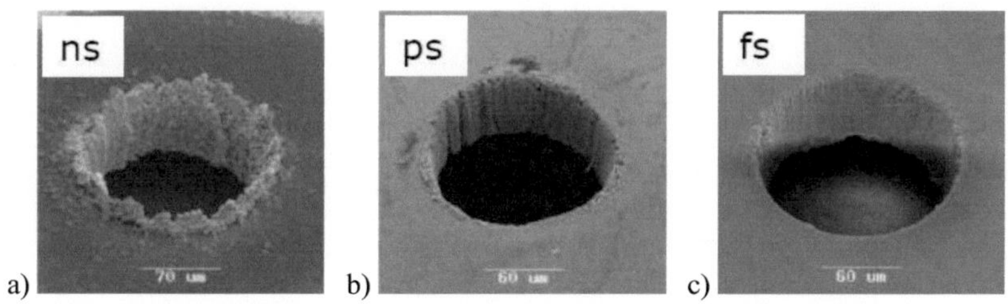

Abbildung 9: Vergleich von Mikrobohrungen in Silizium [Kli04].
a) Nano-, b) Piko-, c) Femtosekundenlaserpulse

Die Bearbeitung von Glas im ns-Regime führt durch thermische Wechselwirkung zu Bauteilschäden und Spannungen [Tie99], [Ret99] und ist ungeeignet für eine Formgebung.

Bei der Bearbeitung von Dielektrika mit ultrakurzen Laserpulsen oberhalb 150 fs verschieben sich die Ionisationsmechanismen von der intensitätsabhängigen Multiphotonenionisation hin zur fluenzabhängigen Avalanche-Ionisation und laufen zunehmend zyklischer ab [Len98]. Die Einflüsse von Oberflächendefekten (z. B. Partikel oder Rauheitsspitzen) steigen und ermöglichen eine schnellere Erzeugung von Seed-Elektronen für den Ionisationsprozess, machen dadurch jedoch einen schwellfluenznahen Ablationsprozess instabiler [Mar05]. Hinzukommt, dass der makroskopische Materialabtrag durch bereits eingebrachte Materialmodifikationen/-schädigungen im Grenzflächengebiet in Folge von vorausgehenden Laserpulsen, also Quasidefekten, beeinflusst wird. Dieser sog. Inkubationseffekt reduziert die Ablationsschwellwerte im Mehrpulsregime und ist stark von den Bearbeitungsparametern abhängig und noch nicht abschließend verstanden [Bul16]. Bestehende Erkenntnisse gelten für unterschiedlichste Zielgrößen und Materialien sowie opto-mechanische Konfigurationen. In [Wei05] wird ein Optimum in Bezug auf die Rauheit und die Ablationsflächen bei ein bis zwei Pikosekunden beschrieben. Nach [Rud01] ist die Femtosekundenbearbeitung in Hinblick auf induzierte Spannungen infolge von geringsten Schmelz- und Kondensationserscheinungen im Vorteil. In [Len98] werden für die Bearbeitung im fs-Regime doppelt so hohe Abtragsraten wie für das ps-Regime sowie deutliche Aufschmelzungen im Strukturgrund für letzteres resümiert. Ein optimales Pulsdauerregime lässt sich aus den z. T. gegensätzlichen Erkenntnissen nicht ableiten und bedarf neuerer Untersuchungen.

2.4.3 Energie und Fluenz

Das Abtragsvolumen hängt wesentlich von der eingestrahlten Energie E ab. Diese Energiemenge kann im gepulsten Regime durch mehrere Größen beschrieben werden. Die Pulsspitzenleistung

$$\hat{P} = \frac{E}{\tau_{\mathrm{p}}} \tag{9}$$

bezieht sich auf die eingestrahlte Energie E pro Zeiteinheit, also der Pulsdauer τ_{p}. Demgegenüber beruht die mittlere Leistung P auf der während eines Pulszuges mit der Pulsfolgefrequenz f_{R} eingestrahlten Gesamtenergie, wie in Abbildung 10 illustriert. Wenn Energie bzw. Leistung auf die Fokusfläche A_f bezogen werden, ergeben sich Fluenz F bzw. Intensität I zu:

$$F = \frac{E}{A_f} \tag{10}$$

$$I = \frac{P}{A_f} \tag{11}$$

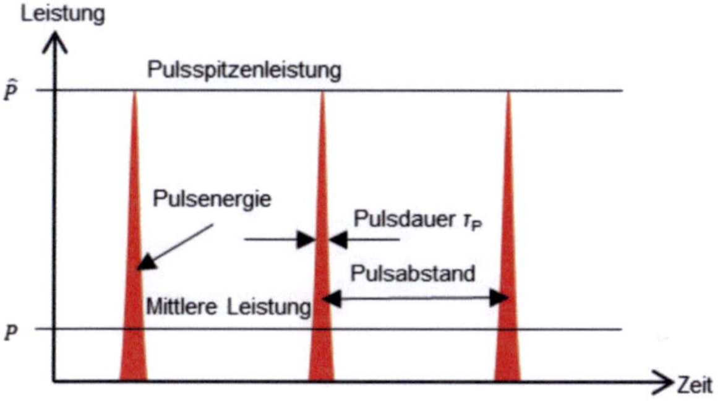

Abbildung 10: Energetische und zeitliche Größen eines Pulszuges

Für den laserinduzierten Materialabtrag existieren Schwellwerte für die Fluenz, also kritische Energiedichten bzw. Intensitäten, die Schwellfluenz bzw. Schwellintensität genannt werden. Bei Dielektrika steigen diese mit zunehmender Bandlücke und folglich mit der Ordnung der Multiphotonenabsorption für das Einzel- sowie Mehrpulsregime an [Mar05]. Mit zunehmender Fluenz, also einer Erhöhung der eingestrahlten Energie pro Flächeneinheit, wächst gleichzeitig der thermische Einfluss auf das Material. So kann es auch bei der Wechselwirkung von ultrakurzen Laserpulsen mit Materie zur Akkumulation von Wärme, zu einer Wärmeeinflusszone und damit verbundener Schmelzbildung und -ablagerung sowie auch zu Bauteilschäden kommen [Nol99], [Wei05], [Mis06]. Technisch genutzt wird dies bei der UKP-laserbasierten Politur von metallischen Werkstoffen [Bor14] sowie dem Mikrobonden bzw. -schweißen von Glas-Glas- und

Glas-Metallverbindungen [Ric12], [Han16]. Für Ablationsprozesse mit geringsten thermischen Wechselwirkungen lassen sich Empfehlungen für Fluenzwerte kurz über den materialspezifischen Ablationsschwellen finden [Mar05], [Wei05], [Mis06]. Inwieweit sich die Abtragsrate durch höhere Fluenzen unter hinreichender Vermeidung von thermischen Schädigungen für den Glasabtrag steigern lässt, ist nicht geklärt und bedarf experimenteller Erforschung.
Geringe Pulsenergie und demnach geringe Fluenzwerte führen ferner dazu, dass ein geringerer Bereich als der Fokusdurchmesser einer gaußförmigen Intensitätsverteilung, also der effektive Bearbeitungsdurchmesser wie in Abbildung 11 dargestellt für den Materialabtrag genutzt wird. Dadurch lassen sich mit ultrakurz gepulster Laserstrahlung auch Subwellenlängenstrukturen erzeugen [Jan97]. Die äußeren Anteile des gaußschen Strahlenbündels können im Regime von einigen Pikosekunden zur Akkumulation von Wärme führen und die Präzision der Bearbeitung begrenzen [Chi96].

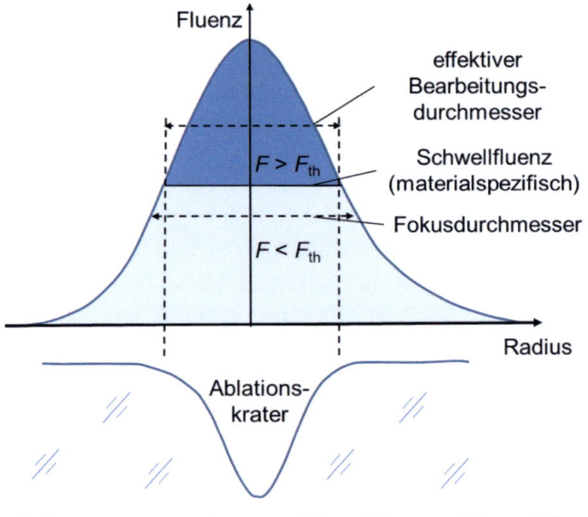

Abbildung 11: Prinzipskizze zur Schwellfluenz und dem effektiven Bearbeitungsdurchmesser bei Ablation mit gaußförmiger Intensitätsverteilung

Um die Fluenzwerte während der Bearbeitung Puls für Puls stabil und entsprechend kurz über der Schwelle zu halten, ist darüber hinaus ein stabiles Lasersystem nötig. Dies ist zum Zeitpunkt der Versuchsdurchführung nur über relativ kurze Zeiträume (< 1 h) gegeben und Bedarf für längere Bearbeitungszeiten (≫ 1 h), so wie es für die Formgebung in der Optik erforderlich wäre, einer besonderen Beobachtung. Die Literatur unterscheidet in Schwellfluenzwerte für Einzel- sowie Mehrpulsbearbeitung, wobei beim Flächenabtragen von Mehrpulsbearbeitung gesprochen wird [Web14], [Brü12], [Ash99] und infolge von Inkubationseffekten für die Mehrpulsbearbeitung niedrigere Schwellwerte als für die Einzelpulsbearbeitung erreicht werden. Für die Erstellung von Näpfchenstrukturen schlägt [Brün12] weiterhin die benötigte Auflösung sowie das zu realisierende Aspektverhältnis aus Ablationsbreite und -tiefe beim Näpfchenabtrag in Metallen als Bestimmungskriterium für die optimale Fluenz vor. Für einen potenziellen Formgebungsabtrag mit UKP-Laser ist das so nicht nutzbar. Es erscheint notwendig, für die interessanten Gläser sowie die jeweilige optische Auslegung der Laseranlagen anwendungsspezifische Grenzwerte für einen Abtrag zu bestimmen.

2.4.4 Puls- und Spurüberdeckung, Pulsfolgefrequenz, Scangeschwindigkeit

Als wichtige Einflussgröße für einen flächigen Abtrag stellen sich die Pulsüberdeckung *PÜ* und die Spurüberdeckung *SÜ* dar. Beide ergeben sich aus

$$P\ddot{U} = 1 - \frac{v_{\mathrm{s}}}{f_{\mathrm{R}} \cdot \left(d_{\mathrm{f}} + v_{\mathrm{s}} \cdot \tau_{\mathrm{p}}\right)} \tag{12}$$

$$S\ddot{U} = 1 - \frac{\Delta \mathrm{y}}{d_{\mathrm{f}}} \tag{13}$$

mit v_{s} als Scangeschwindigkeit und Δy als Versatz der Linien in y-Richtung. Die Angabe erfolgt dimensionslos, wobei ein Wert von eins volle Überdeckung und ein Wert kleiner gleich null keine Überdeckung nachfolgender Pulse bzw. Spuren bedeutet. Die in den Untersuchungen verwendeten Überdeckungen beziehen sich stets auf gemessene, mindestens jedoch auf errechnete Fokusdurchmesser. Es sei der Hinweis gegeben, dass sich mit Variation der Pulsenergie, wie in Abbildung 11 zu erkennen, auch die effektiven Bearbeitungsdurchmesser und Fluenzwerte ändern, der Fokusdurchmesser aber gleich bleibt. Beide Überdeckungen beeinflussen, wie viele Pulse auf ein einzelnes Flächeninkrement treffen und zum Abtrag beitragen, d. h., die Abtragstiefe vergrößert sich, je mehr Pulse pro Flächeninkrement auftreffen. Ein Teil der Energie eines folgenden Pulses kann nach [Wei05] dazu führen, dass eine bereits abgetragene Vertiefung weiter vergrößert und eventuelle Schäden verstärkt werden. Experimentelle Untersuchungen zeigen, dass optimale Überdeckungen von 0,4–0,8 zur Erreichung geringer Rauheitswerte für flächige Bearbeitung erreicht werden können [Gie12], [Sch11], [Jae16] und neuere Erkenntnisse dies für eine effiziente Bearbeitung auf Werte um 0,7 konkretisieren [Neu16]. Abschließend ist trotzdem nicht geklärt, welcher genaue Wert für eine bestimmte Oberflächencharakteristik am geeignetsten ist, auch vor dem Hintergrund, dass sich die Ablationskrater bei variabler Fluenz ändern, der Fokusdurchmesser und damit die Überlappung jedoch nicht. Es handelt sich um ein nicht lineares Wechselspiel aus den Eigenschaften der applizierten Laserpulse und Materialeigenschaften, die es nicht ermöglichen globale Erkenntnisse für mehrere Zielgrößen zu gewinnen. Für die Arbeiten wird ein Wert von 0,7 festgelegt und nicht vertieft untersucht. Ferner werden für die Spur- und Pulsüberdeckung gleiche Werte festgelegt, sodass sich eine möglichst isotrope Verteilung der Pulse und der induzierten Schädigungen ergibt.

Weiterhin ergeben sich nach [Nol04], [Wag08], [Miy11] abhängig von der Pulsfolgefrequenz und der Pulsenergie im Gauß-Regime ein kumulatives und ein repetitives Regime. In diesen wird unterschieden, inwieweit Wärme durch aufeinanderfolgende Pulse im Material im Bereich des Fokus akkumuliert und durch Aufheizen und Schmelzen zu eventuellen lokalen Schäden führt. Die Grenzen liegen bei etwa 200 kHz. Weiterhin sind Plasmaabschirmeffekte verantwortlich für Streuung und Reduktion der Energieeinbringung von Nachfolgepulsen und stören den Ablationsprozess durch deren Wechselwirkung mit expandierenden Plasmawolken [Brü12]. Der Abtragsprozess wird ab Pulsfolgefrequenzen > 250 kHz instabil und ineffizient [Mar05]. Beides legt die maximale Pulsfolgefrequenz von 200 kHz fest.

2.4.5 Fokusdurchmesser

Die Größe des Fokusdurchmessers begrenzt die Auflösung des Bearbeitungsprozesses. Es ist bekannt, dass mit steigendem Fokusdurchmesser die Bearbeitungsschwellen der Materialien sinken [Kim00]. In [Mar05] wird untersucht, wie sich 40 fs kurze Laserpulse bei steigendem Fokusdurchmesser auf die Schwellwerte von Borosilikatglas auswirken, und man stellte fest, dass die Schwelle mit größerem Fokus bis zu fünfmal geringer war. Unterhalb von 150 µm änderte sich diese jedoch nicht mehr signifikant. Als Begründung wurde wieder der zunehmende Einfluss von Fehlstellen und Defekten auf die Ionisations- und Ablationsmechanismen bei größer werdendem Fokusdurchmesser gesehen [Mar03].
Für die Bearbeitung wird der Laserstrahl auf die Probenoberfläche fokussiert. Mit Verschiebung des Fokus reduziert sich die auf der Probenoberfläche eingestrahlte Fluenz und der Abtrag wird ungleichmäßig [Föh11], [Hüg09]. Als Maß für die Begrenzung von Nah- zu Fernfeld der Abbildung begrenzt die Rayleighlänge z_R (14) diesen Bereich.

$$z_R = F \cdot d \tag{14}$$

Dabei ist F die Fokussierzahl, welche sich aus dem Quotienten der Brennweite der Fokussierlinse f_f und dem Durchmesser d des Laserstrahls ergibt. Je größer die Rayleighlänge ist, umso größer ist der Verschiebebereich der Fokuslage, in dem die Bearbeitung stattfinden kann, also die Fluenz den Schwellwert zur Ablation übersteigt. Allerdings lassen sich keine fundierten Grenzwerte für die Abweichung von der Fokusposition finden, ab wann eine Nachfokussierung für die Ablation nötig ist.

2.4.6 Schichtschraffur und Anzahl der Überfahrten

Für den Laserabtrag basierend auf Einzelschichten muss der Laserstrahl entlang einzelner Linien geführt werden. So entstehen Puls für Puls Abtragslinien, die, wiederum aneinandergereiht, die abgetragenen Einzelschichten ergeben. Als Visualisierung dient Abbildung 12. Die Füllung erfolgt typischerweise schraffiert mit benannten Puls- und Spurüberdeckungen. Die Richtung dieser Schraffur kann unterschiedlich durchgeführt werden und variiert zwischen uni- und bidirektional und/oder mit zufällig gewähltem Drehpunkt, wie in Abbildung 12 dargestellt. Bei [Gie12], [Fri14] hat sich gezeigt, dass die letzte Variante Oberflächen mit geringsten Rauheitswerten entstehen lässt, deshalb werden die Untersuchungen mit dieser Füllstrategie durchgeführt.

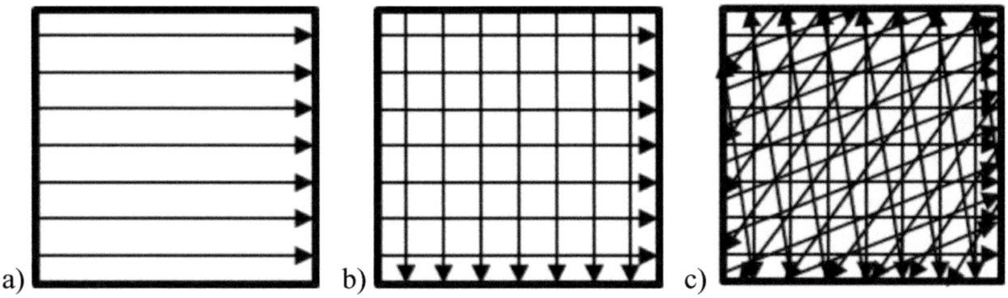

Abbildung 12: Füllstrategie der Einzelschichten.
a) unidirektional; b) unidirektional mit 90° alternierender Bahnorientierung;
c) unidirektional mit zufällig gewähltem Drehpunkt und Winkel

Für das Abscannen der einzelnen Schichten mit einem Scansystem hat sich der Begriff der Überfahrten etabliert. Die Anzahl der Überfahrten beeinflusst die Tiefe der abgetragenen Konturen. Die jeweilige Abtragstiefe pro Überfahrt ist abhängig von der Wellenlänge, der Pulsdauer, der Puls- und Spurüberdeckung sowie der Pulsenergie. Für einen qualitativ hochwertigen Abtrag von Nutgeometrien in metallischen Werkstoffen ist nach [Brü12] und [Kor07] eine hohe Überfahrtenanzahl bei geringen Fluenzen und damit ein geringer Abtrag pro Überfahrt nötig. Das bedeutet gleichzeitig lange Bearbeitungszeiten. Höhere Abtragsraten lassen sich mit erhöhten Fluenzwerten erzielen, gleichzeitig sinkt jedoch dabei die Bearbeitungsqualität. Das zeigt sich durch Gratbildung und Akkumulation von Ablationsmaterial. Ferner reduziert sich, ohne die Fokusposition mit zunehmendem Abtrag nachzujustieren, die Abtragstiefe pro Überfahrt bei Fluenzen kurz über der Ablationsschwelle, bis der Abtrag schließlich abbricht.
Eine Beschreibung für die Charakteristik eines schichtweisen Tiefenabtrages in Glas muss durch Experimente erschlossen werden. Es ist bisher ungeklärt, ob sich Glas unter gleichbleibender Qualität auch bei höheren Fluenzen und damit höheren Abtragsraten schädigungs-, spannungs- und rauheitsarm in die Tiefe abtragen lässt.

2.4.7 Bewertung zum Stand der Technik

Die Miniaturisierung optischer Systeme und ihre steigende Auslegung auf Basis von Asphären und Freiformen lassen die klassischen formgebenden Verfahren an ihre Grenzen stoßen. Die Kinematik von Schleifprozessen, beruhend auf Kontakt, Krafteinwirkung und Verschleiß, begrenzt die minimalen Footprints (Werkzeugkontaktzone), hinterlässt Tiefenschädigungen und ist für konkave Flächenradien durch die Notwendigkeit kleiner Werkzeugradien und resultierender hoher Schnittgeschwindigkeiten nur bedingt anwendbar. Standardschleifverfahren arbeiten in bis zu drei Schleifstufen, um endkonturnahe Oberflächen mit Formfehlern von < 2 µm und Schädigungstiefen von < 15 µm zu erreichen, sind jedoch zeitintensiv und verursachen hohen Aufwand und Kosten in Folgeprozessen [Fäh16], [Koe16], da periodische Fehlerstrukturen in Korrekturpoliturverfahren kompensiert werden müssen.

Eine wirtschaftlich rentable Nutzung ist bei umformenden Verfahren mit einem aufwendigen Werkzeugbau und hohen Stückzahlen verbunden. Darüber hinaus lässt sich nur eine eingeschränkte Auswahl mineralischer Gläser durch das Präzisionsblankpressen verarbeiten.

Für kompliziert geformte Freiformflächen kann zusätzlich noch ein Entformungsproblem aus der Werkzeugform auftreten.

Die Nutzung berührungslos abtragender Laserverfahren zur Formgebung, welche verschleißarm, reproduzierbar, hinreichend genau und materialunabhängig arbeiten, könnten dazu beitragen, völlig neue Optikdesigns zu ermöglichen und einzelne Prozessschritte oder ganze Prozessketten zu substituieren.

Ein Ansatz stellt die Ablation mit CO_2-Laserstrahlung dar. Quarzglas wird mit dem Laser kurz über die Verdampfungstemperatur auf 2.200 °C lokal erhitzt und ablatiert. Thermische Einflüsse führen zu erhöhten Spannungswerten, zu Kompaktierung (lokale Dichteerhöhung) und zu lokalen Brechzahlvariationen [Wlo11], [Wei16]. Dies macht weitere Technologieentwicklungen notwendig und ist bspw. ohne zusätzliche Maßnahmen nicht auf andere mineralische Gläser übertragbar.

Verfahren auf Basis von ultrakurzen Laserpulsen werden nahezu für alle Materialklassen erfolgreich für Abtragsprozesse eingesetzt. Für die Erzeugung von gekrümmten Oberflächen in optischen Gläsern im Übergang von Mikro- zu Makrobauteilen berichten allerdings

nur wenige Publikationen [Sch13], [Hei14]. Ein definierter und risstiefenzonenbegrenzter Abtrag durch die schichtweise Entfernung von Glasmaterial ist unzureichend ausgeführt. Die Einflussgrößen und die Randbedingungen für einen definierten und vorhersagbaren Abtragsprozess, unter der Beurteilung von Zielgrößen wie etwaige induzierte optische Gangunterschiede in Form von eingebrachten Spannungen, erreichbaren Abtragsraten, resultierenden Rauheiten und Schädigungstiefen, sind für den Einsatz dieser Verfahren zur Herstellung von optischen Komponenten nicht geklärt.
Ebenso fehlen Lösungsansätze, wie sich ein Abtragsprozess auf einen dreidimensionalen Formabtrag für mineralische Gläser wissenschaftlich-technisch übertragen lässt. Bisherige Prozesse beziehen sich zumeist auf 2D- bzw. 2,5D-Abtragsprozesse, ohne die Fragestellungen der sich ergebenden Abtragsflächen, der rissgeschädigten Zone sowie den Einfluss der Glaszusammensetzung zu berücksichtigen.

3 Zielstellung

Der Einsatz von freiformoptischen Bauelementen ermöglicht die Umsetzung von teilweise völlig neuen, aber auch optimierten optischen Designs. Das große Potenzial solcher Designs liegt in der Verringerung der Anzahl optischer Komponenten im Gesamtsystem, der größeren Gestaltungsfreiheit von optischen Systemen und letztlich auch die Konzipierung von neuen Funktionalitäten.

Um diese Herausforderung umsetzen zu können, stoßen herkömmliche Fertigungsverfahren aufgrund ihrer z. T. eingeschränkten Bearbeitungsmöglichkeiten (maximal erreichbare Komplexität, minimale Strukturgrößen oder aber rissgeschädigte Zonen) oftmals an ihre Grenzen. Ein wichtiges Ziel stellt dabei das Erforschen von alternativen Fertigungsmethoden dar, um die bestehenden Technologien gezielt ergänzen oder substituieren zu können.

Die UKP-Lasermaterialbearbeitung bietet mit ihren Vorteilen die Möglichkeit, die erhöhten maschinellen Aufwände für die Schleifbearbeitung von Freiformflächen zu umgehen und einen Beitrag zur Senkung eines unsymmetrischen Kostenverhältnisses zwischen Sphären und Freiformen bzw. Asphären und Freiformen zu leisten. Dieses Laserwerkzeug zeichnet sich gegenüber dem Schleifverfahren darüber hinaus durch seine Verschleißfreiheit und kraftlose Bearbeitung aus. Mit dem Einsatz eines UKP-Laserverfahrens ließen sich Geometrien und Radien herstellen, die heute nur mit erhöhtem Aufwand oder gar nicht zu fertigen sind. Die entstehende Schädigungstiefe, verursacht durch den entstehenden Summenfehler aus fehlerhafter Achspositionierung, Vibrationen, Werkzeugunwucht und dem Werkzeugverschleiß, könnte durch Substitution des Schleifschrittes reduziert werden. Die Vorteile der Ultrakurzpulslasertechnologie wie die kontaktlose und verschleißfreie Wechselwirkung, die geringen Spannkräfte und die minimalen Wärmeeinflusszonen lassen für den Entwurf und die Fertigung optischer Komponenten Innovationen in Hinblick auf die Form- und Materialfreiheit erwarten. Ein laserbasierter Fertigungsprozess wäre ohne Kühl- und Schmierstoffe umweltfreundlicher und weniger kontaminierend.

Ein übergeordnetes Ziel der Arbeit sind die Untersuchung und die Beschreibung von bisher nicht verfügbaren Bearbeitungsstrategien mithilfe von Laser-Material-Wechselwirkungen zur gezielten Nutzung

des Ultrakurzpulslasers als Werkzeug für den schädigungs-, spannungs- und rauheitsarmen Formabtrag an mineralischen Gläsern unter realitätsnahen Bedingungen. Beliebig gekrümmte Flächen sollen, im Gegensatz zu den konventionellen Schleifverfahren, im Bereich weniger Millimeter mit dem quasi athermischen Bearbeitungsverfahren generierbar sein.
Ausgehend vom Stand der Technik sind gezielt wissenschaftliche Lösungswege aufzuzeigen, um einen dreidimensionalen Formabtrag an mineralischen Gläsern vornehmen zu können. Diese müssen vor allem den Anforderungen an Form und Rauheit von optischen Bauelementen entsprechen. Dafür sind im Rahmen der Arbeit Abtragsstrategien zu entwickeln und zu diskutieren, die ausgehend von einem 2D-Formabtrag auch in den Bereich des 3D-Formabtrages übertragbar sind.
In experimentellen Untersuchen sollen signifikante Prozesseinflussgrößen und deren charakteristische Auswirkungen auf die Abtragsergebnisse untersucht und analysiert werden. Diese Untersuchungen werden zunächst für Quarzglas (SiO_2-Netzwerk) durchgeführt und im Anschluss auf das mineralische Glas SF6 erweitert. Die zu untersuchenden signifikanten Parameter wie Pulsdauer, Fluenz und Wellenlänge werden zunächst auf ihre Eignung für den Formabtragsprozess analysiert. Im Ergebnis sollen mögliche Prozessarbeitspunkte für die gewählte Abtragsstrategie ermittelt und diskutiert werden.
Weitere wesentliche Zielstellungen der Arbeit sind einerseits die Charakterisierung der erreichbaren Rauheiten des Formabtrages in Abhängigkeit von den verschiedenen Ausgangsrauheiten, der Materialauswahl, aber auch der verwendeten Laserparameter. So konnte in Voruntersuchungen bspw. gezeigt werden, dass die Verwendung von Laserpulsen mit Pulsdauern im fs-Bereich geringere Rauheitswerte aufweisen, als jene die im ps-Bereich abgetragen wurden. Allerdings sind die erzielbaren Abtragsraten kleiner. Kann dieser Nachweis erbracht werden, so könnte eine Vorbearbeitung mit ps-Laserpulsen und eine Feinbearbeitung mit fs-Laserpulsen eine Bearbeitungsstrategie für einen effizienten Formabtrag und eine Implementierung in die neue Prozesskette zur Fertigung von freiformoptischen Elementen (Abbildung 13) sein. Andererseits soll im Rahmen der Untersuchungen der Einfluss von ablatierten Partikeln auf den Abtragsprozess ermittelt werden. Aus diesem Grund wird eine gezielte Partikelabfuhr in einer Prozesskammer untersucht und analysiert. Ferner ist die Analyse der beeinflussten Randzonen im Glassubstrat nach dem Laserprozess

eine wichtige Zielstellung der Arbeit. Mit einer speziellen Präparationsmethode werden diese Zonen ermittelt und bewertet. Ebenso ist eine Beeinflussung des optischen Gangunterschiedes durch den Abtragsprozess zu prüfen und zu bewerten. Bleiben diese Werte nach dem Abtrag im Bereich < 10 nm/cm, können diese Abtragsstrategien auch für einen 3D-Abtrag für optische Anwendungen eingesetzt werden.

Als Ergebnis soll ein Formgebungsprozess hinsichtlich definierter Zielgrößen für Komponenten im Durchmesserbereich < 40 mm beschrieben werden und eine Bewertung zur Substituierbarkeit oder Ergänzung klassischer Feinschleifbearbeitung von sprödharten optischen Gläsern erfolgen.

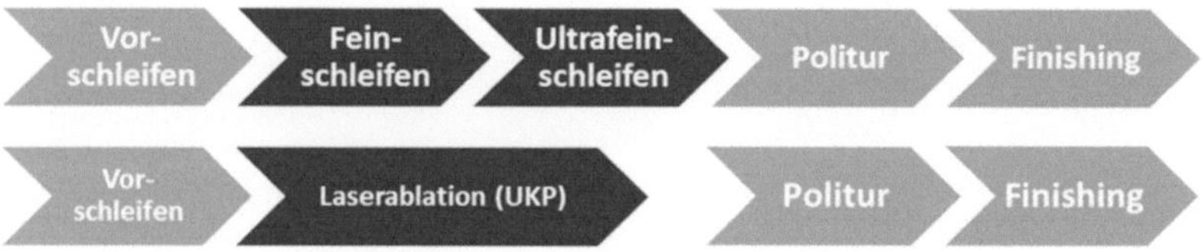

Abbildung 13: Verkürzung der Prozesskette zur Herstellung präzisionsoptischer Komponenten durch die Substitution der Fein- und Ultrafeinbearbeitung durch die Laserablation mittels Ultrakurzpulslaser

4 Experimentelle Vorgehensweise

Ausgehend von der in Abbildung 14 illustrierten Prozesskette zur Herstellung präzisionsoptischer Freiformkomponenten soll der Ultrakurzpulslaser als Substituent der Teilschritte Schleifen des Best-Fit-Radius, Vorschleifen und Feinschleifen der Freiformgeometrie in einer einzigen laserbasierten Abtragsfolge zum Einsatz kommen.

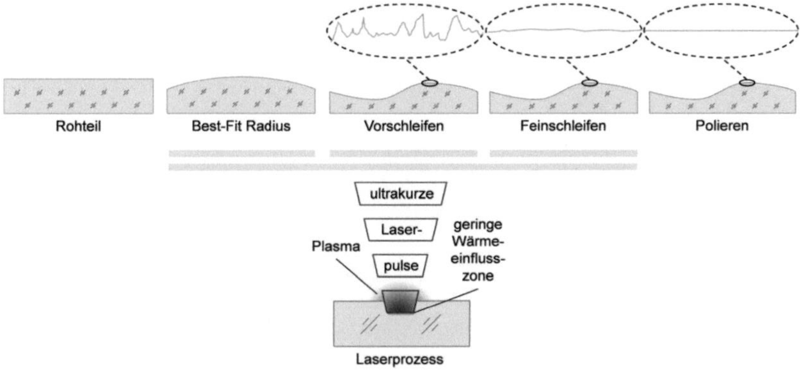

Abbildung 14: Substitution der Formgebungsschritte „Best-Fit Radius", „Vorschleifen" und „Feinschleifen" durch einen Ablationsschritt mittels Ultrakurzpulslaser, den „Laserprozess"

Hierfür sind verschiedene Abtragsansätze geeignet. Zur Beschreibung dieser Ansätze wird das in Abbildung 15 dargestellte systematische Vorgehen umgesetzt und die Versuchsgläser definiert. Daraus folgt eine Reihe von experimentellen Untersuchungen zur Beschreibung von kausalen Zusammenhängen.

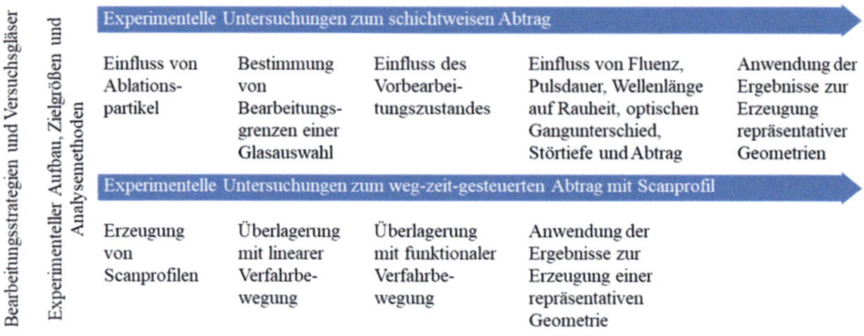

Abbildung 15: Darstellung zur systematischen Vorgehensweise

4.1 Bearbeitungsstrategien

Für diesen formgebenden Materialabtrag sind die in Abbildung 16 dargestellten Bearbeitungsstrategien denkbar:

- Zum einen kann der Abtrag schichtweise erfolgen, bei dem das zu entfernende Glasvolumen in äquidistanten Abständen Schicht für Schicht mittels Galvanometerscanner von der Oberfläche aus abgetragen wird (Abbildung 16 a).
- Zum anderen kann der Abtrag auf Basis einer lateralen weg-zeit-gesteuerten Verschiebung eines vom Galvanometerscanner kontinuierlich erzeugten, ortsinvarianten, ausgedehnten Scanprofiles relativ zur Bauteiloberfläche mittels Achssystem erfolgen (Abbildung 16 b). Dieses Prinzip ist in Kombination mit dem Ultrakurzpulslaser neu und unbekannt. Es sollen dafür Grundlagen und ein Ausblick für die Eignung als Formgebungsverfahren erarbeitet werden. Es sind wesentliche Effekte hinsichtlich der erreichbaren Formgenauigkeit (kein Treppenstufeneffekt) zu erwarten.

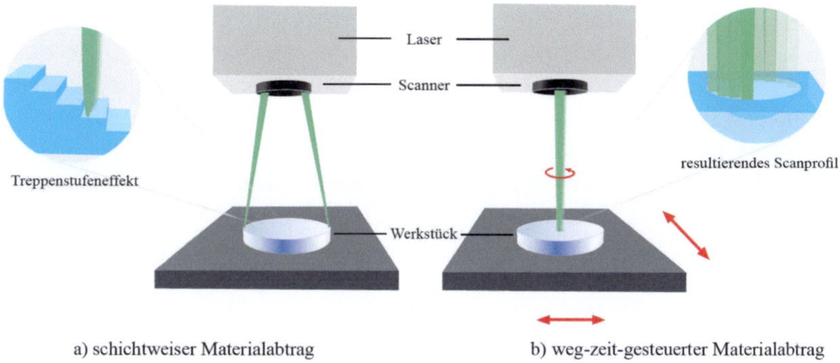

Abbildung 16: Verfahrensschemata für den Materialabtrag. a) schichtweise; b) weg-zeit-gesteuert

4.2 Versuchsgläser

Neben den Standardgläsern wie N-BK7 oder SF6 ist Quarzglas ein sehr häufig verwendetes Glas in der Optik, welches lediglich aus Siliziumdioxid (SiO_2) besteht und dessen Eigenschaften weithin bekannt sind. Es bietet sehr gute mechanische, chemische und optische Eigenschaften: Es ist vergleichsweise sehr hart mit einer Knoop-Härte von > 580 N/mm² und verhältnismäßig unempfindlich gegenüber mechanischer Belastung sowie den meisten Säuren. Es besitzt einen geringen thermischen Ausdehnungskoeffizienten und ein breites Transmissionsverhalten bis in den unteren UV-Bereich (> 193 nm). Durch seine hohe Härte ist die Formgebung in der Schleif-Polier-Prozesskette mit erhöhtem Aufwand verbunden. Aufgrund seiner positiven Eigenschaften wird es bevorzugt in hochleistungsoptischen Anwendungen eingesetzt und wird auch deshalb für die Untersuchungen ausgewählt.

Für breitbandige optische Anwendungen wie z. B. Ferngläser werden weitere Gläser benötigt, die neben guter mechanischer Bearbeitbarkeit und günstigeren Herstellungsverfahren vor allem die Farbkorrektur der Systeme ermöglichen, da die jeweilige Brechkraft der Gläser bezogen auf die verwendeten Wellenlängen unterschiedlich ist. Es existieren Gläser mit bis zu zwanzig Zusatzkomponenten, mit deren Zugabe eine Vielzahl von Eigenschaften und Anwendungsfeldern erschlossen werden. Dabei sind die Zusammensetzungen des

Glasgemenges je nach Anforderung sehr verschieden und komplex. Es lassen sich gezielt optische, elektrische, mechanische sowie chemische Eigenschaften mit der Zugabe von Rohstoffen komponieren [Sch88], [Bli10].
Für die Untersuchungen werden im Wesentlichen zwei der folgenden drei Gläser ausgewählt. Aufgrund der sich unterscheidenden Eigenschaften und Bandlückenenergien, wie in Tabelle 1 zusammengestellt, sind glasspezifische Prozessparameter und Bearbeitungsergebnisse zu erwarten.

Tabelle 1: Eigenschaften der untersuchten Gläser nach [Gos98] [Sch18] [Her14]

Eigenschaften	**Einheit**	**Quarzglas**	**SF6**	**N-BK7**
Dichte	g/cm^3	2,2	5,18	2,51
mittlerer Ausdehnungskoeffizient $\alpha_{30/70}$	10^{-6} K^{-1}	0,54	8,1	7,1
Transformationspunkt T_g	°C	**1.600**	**423**	**557**
Knoop-Härte *HK* 0,1/20	N/mm^2	580–620	370	610
Elastizitätsmodul	10^4 N/mm^2	7	5,5	8,2
Schleifklasse *HG*	–	0	1	3
Abbe-Zahl ν_d	–	67,8	25,43	64,17
Brechzahl *n*	–	1,45	1,7	1,51
SiO_2-Anteil	%	100	27,3	70
Bandlückenenergie E_g	eV	**11,9**	**6**	**10,9**

Das verwendete synthetische Quarzglas Suprasil® 312 der Fa. Heraeus, im Folgenden SiO_2, findet aufgrund seiner Eigenschaften wie der hohen Transmission vom UV- bis in den NIR-Spektralbereich, der hohen Homogenität und der chemischen Reinheit und Beständigkeit, der niedrigen Brechzahl und der thermischen Ausdehnung in vielen Bereichen der Technik und Optik Verwendung. Es setzt sich nur aus Siliziumdioxid SiO_2 zusammen und kann in optischer Qualität in verschiedener Reinheit und unterschiedlichen Eigenschaften hergestellt werden.
Das optische Glas SF6 (Schwerflintglas) beinhaltet Bleioxid als Netzwerkbildner und erreicht dadurch eine vergleichsweise niedrige Transformationstemperatur und gute mechanische Bearbeitungseigenschaf-

ten. Bleigläser haben eine hohe Dichte und sind deutlich schwerer als andere Gläser. Trotz chemischer Unbeständigkeit findet SF6 aufgrund der hohen Brechzahl oft Verwendung in optischen Systemen [Ren00]. Das Bor-Kronglas N-BK7 ist härter als SF6, fleckenresistent und chemisch stabil. Aufgrund des hohen Transmissionsspektrums und den vergleichsweise moderaten Herstellkosten zählt dieses Glas zu den gebräuchlichsten Gläsern in der Optik.
In Abbildung 17 ist zu erkennen, dass die verwendeten Gläser (außer SF6) bis in den ultravioletten Wellenlängenbereich transparent sind. Daher ist es notwendig, den Energieeintrag durch nicht lineare Absorption mehrerer Photonen zu ermöglichen.

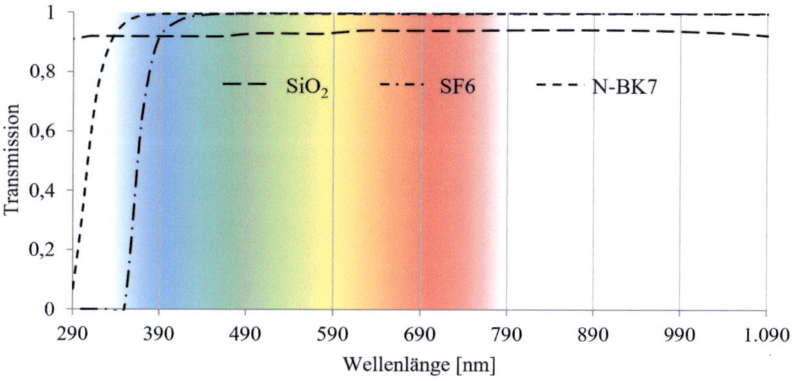

Abbildung 17: Transmissionskurven der untersuchten optischen Gläser

Die benötigte Anzahl von Photonen ist von der materialspezifischen Bandlücke E_g des jeweiligen Dielektrikums abhängig. Dieser diskrete Energiewert muss überwunden werden, um ein Elektron aus dem Valenz- in das Leitungsband zu heben und so den Ablationsprozess zu starten. Die Ordnung der Multiphotonenionisation entspricht der Photonenanzahl N, welche nötig ist, um die materialspezifische Bandlücke E_g, also die benötigte Ionisationsenergie, zu überwinden. Die Werte werden ganzzahlig aufgerundet, sind einheitenlos und in Tabelle 2 dargestellt. Es ist zu erkennen, dass mit steigender Bandlücke und applizierter Wellenlänge die Ordnung der Multiphotonenionisation ansteigt. Die Betrachtung lässt erwarten, dass sich die Wechselwirkung bei SF6 sehr stark von den anderen zwei Gläsern unterscheiden sollte. Die gewählten Wellenlängen entsprechen denen der verwendeten Lasersysteme in den Untersuchungen.

Tabelle 2: Berechnung der beteiligten Photonen am Ionisationsprozess in Abhängigkeit von der eingestrahlten Wellenlänge

λ [nm]	ν [Hz]	E_{ph} [J]	SF6		N-BK7		SiO_2	
			n^*e_0 [eV]	N-MPI	n^*e_0 [eV]	N-MPI	n^*e_0 [eV]	N-MPI
343	8,7E+14	5,8E-19	1,66	2	3,02	4	3,29	4
355	8,4E+14	5,6E-19	1,72	2	3,12	4	3,41	4
515	5,8E+14	3,9E-19	2,49	3	4,53	5	4,94	5
532	5,6E+14	3,7E-19	2,57	3	4,68	5	5,11	6
1.030	2,9E+14	1,9E-19	4,98	5	9,06	10	9,89	10
1.064	2,8E+14	1,9E-19	5,15	6	9,35	10	10,21	11

5 Experimentelle Bedingungen und Analysemethoden

Dieses Kapitel beschreibt sowohl die experimentellen Bedingungen, beginnend mit den experimentellen Aufbauten mit Piko- und Femtosekundenlaser, als auch das entwickelte Vorgehen beim schichtweisen Formabtrag und die Präparations- und Analysemethoden.

5.1 Experimenteller Aufbau

5.1.1 Anlagentechnik

Die Anlagentechnik befindet sich in zwei Reinraumumgebungen, welche entweder durch die Laborräumlichkeiten (ISO-4-Reinraumklasse) oder mittels einer Flowbox mit 99,995 % Abscheidefiltereinheit realisiert werden. Die Labortemperaturen werden konstant auf 21 °C ± 1 K gehalten. Somit sind konstante Bearbeitungsbedingungen und der Schutz sämtlicher strahlführenden Komponenten gewährleistet.

5.1.1.1 Pikosekundenlaseranlage

Die Basis der ps-Lasermaterialbearbeitungsanlage „microSTRUCT-vario“ der Fa. 3D-Micromac AG am Günter-Köhler-Institut für Fügetechnik und Werkstoffprüfung Jena ist neben dem Ultrakurzpulslaser ein massives, schwingungsentkoppeltes Granitgestell. Werkstücke können wie in Abbildung 18 dargestellt auf einer (300 x 450) mm^2 großen Vakuum-Vorrichtung fixiert und mittels Linearachssystemen in x- und y-Richtung bewegt werden. Zur Laserstrahlpositionierung sind zwei hurry*SCAN-II*-Galvanometerscanner der Fa. SCANLAB an jeweils einer z-Achse (ZA, ZB) verbaut. Die ZA-Achse bewegt das Scansystem für die Bearbeitungswellenlängen 1.064 nm und 532 nm und die ZB-Achse für 355 nm. Weiterhin ist eine ZC-Achse für die Positionierung eines taktilen Sensors und eines Kamerasystems zur visuellen Probeneinrichtung und Referenzierung für Genauigkeiten < 10 µm integriert.

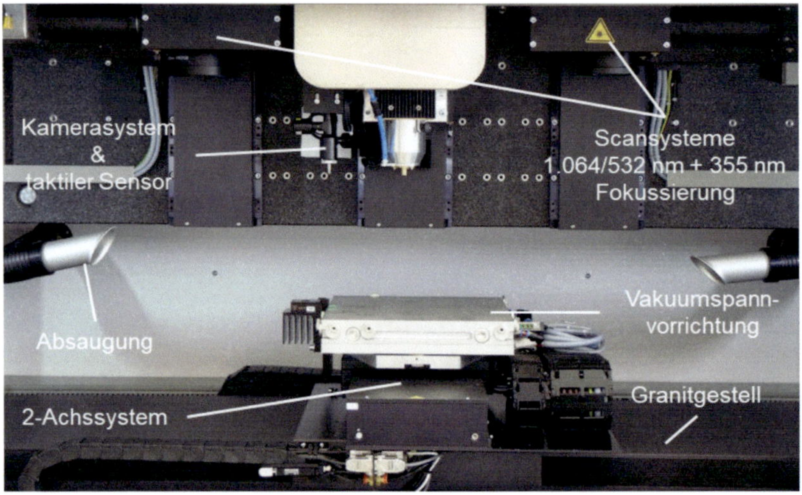

Abbildung 18: Aufbau des Bearbeitungsraumes der ps-Anlage „microSTRUCTvario"

Während der Bearbeitung mittels Scansystem wird das Bauteil nicht bewegt. Mit den Spiegeln des Scansystems werden Bearbeitungsgeschwindigkeiten bis zu 2,5 m/s auf dem Werkstück erreicht, abhängig vom eingesetzten Fokussierobjektiv. Mittels Scanfeldkalibrierung kann ein eventueller Astigmatismus der Objektive kompensiert werden. Die Ansteuerung der Scansysteme erfolgt über eine RTC5-Echtzeitsteuerung, welche es ermöglicht, konstante Pulsüberdeckungen entlang der Scanvektoren zu realisieren.

5.1.1.2 Femtosekundenlaseranlage

Die fs-Lasermaterialbearbeitungsanlage umfasst einen justierten Laboraufbau, dessen Opto-Mechanik auf einer schwingungsgedämpften optischen Bank sowie an einer senkrecht mit 100-mm-Aluminiumprofilen montierten Lochrasterplatte eingerichtet ist, wie in Abbildung 19 dargestellt.

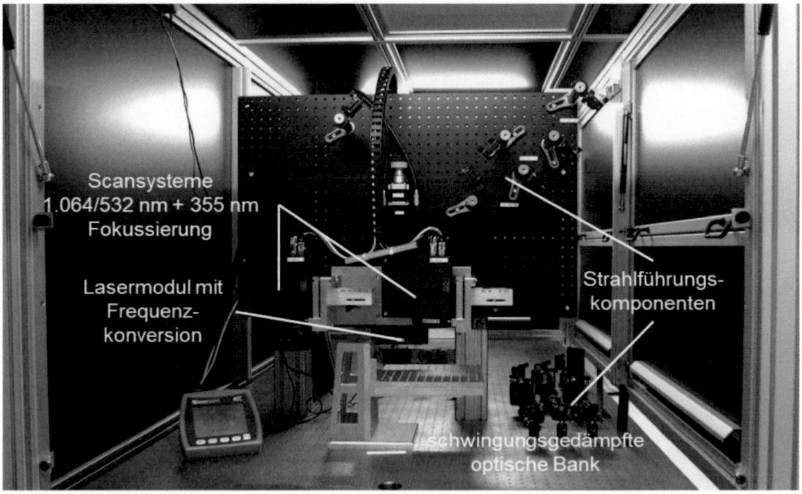

Abbildung 19: Aufbau des Bearbeitungsraumes der fs-Anlage

Das System befindet sich zusätzlich in einer Flowbox zum Schutz sensibler optischer Komponenten im Freistrahlaufbau. Zur z-Positionierung zweier intelli*SCAN-III*-Galvanometerscansysteme der Fa. SCANLAB (Kopf 1 für 1.030 nm und 515 nm, Kopf 2 für 343 nm) kommt eine Linearachse der Fa. Owis mit einem Positionierfehler von maximal 3 µm zum Einsatz. Die Laserstrahlung ist mittels Freistahlanordnung zur Bearbeitungsebene geführt und mit der Verwendung von F-Theta-Fokussierobjektiven mit Brennweiten von 80–114 mm ergeben sich Scanfelder von (40 x 40) mm^2 bis maximal (60 x 60) mm^2.

5.1.2 Ultrakurzpulslaser

5.1.2.1 ps-Laser Lumera HYPER RAPID 25

Der HYPER RAPID 25 (folgend HR) ist wie in Abbildung 20 dargestellt als Master-Oscillator-Power-Amplifier-System (MOPA) aufgebaut. Er setzt sich aus einem Seedlaser, elektrooptischen Modulatoren (EOM) und einer Verstärkerkette zusammen. Ein diodengepumpter Festkörperlaser, der mittels sättigbarem Absorber passiv modengekoppelt wird, dient als Seedlaser und emittiert linear polarisierte Strahlung mit einer Pulswiederholrate von 50 MHz. Mit einem nachgeschalteten Paar EOM wird die Pulswiederholrate für die Mikrobearbeitung auf maximal 1 MHz gesenkt und durch zwei Verstärkerstufen verstärkt und ausgekoppelt.

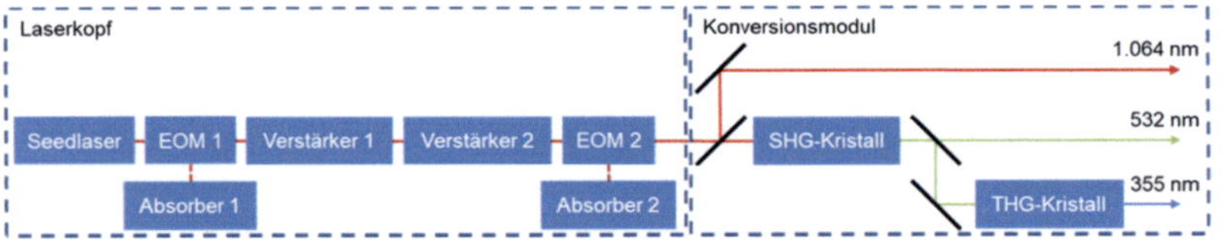

Abbildung 20: Schematischer Aufbau des ps-Lasersystems

Die Fundamentalwellenlänge bei 1.064 nm kann durch nicht linear optisch wirksame Kristalle in die zweite und dritte harmonische Wellenlänge konvertiert werden (SHG = 532 nm; THG = 355 nm). Abhängig von der gewählten Wellenlänge und der Pulswiederholrate ergeben sich Pulsdauern am Laserausgang von 7–9,5 ps. Die Laserleistung kann nicht direkt, sondern nur prozentual über ein Powerlevel gesteuert werden und entspricht bei 100 % einer mittleren Leistung von 19,2 W bei 1.064 nm, 12,9 W bei 532 nm und 4,8 W bei 355 nm jeweils für eine Pulsfolgefrequenz von 100 kHz wie in Abbildung 21 dargestellt. Weitere relevante Größen sind in Tabelle 3 dem fs-Laser gegenübergestellt.

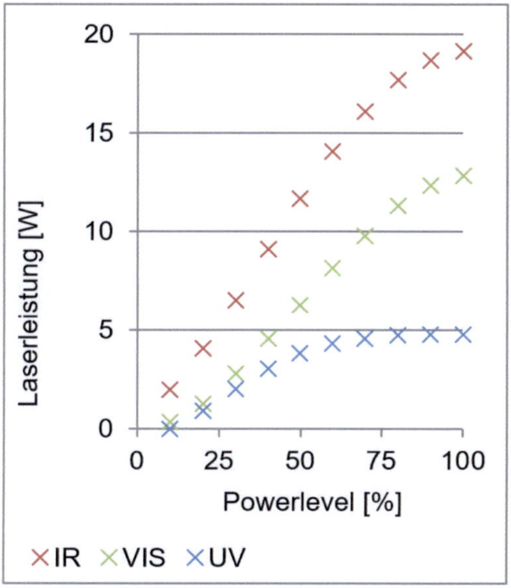

Abbildung 21: Gemessene Laserleitung in der Bearbeitungsebene der ps-Anlage für 1.064 / 532 / 355 nm

5.1.2.2 fs-Laser Amplitude Systems Satsuma HP²

Der Femtosekundenlaser „Satsuma HP²", im Folgenden HP genannt, ist ein passiv modengekoppelter Faserlaser, dessen schematischer Aufbau in Abbildung 22 dargestellt ist. Sein Verstärkermedium ist eine mit Ytterbium dotierte photonische Kristallfaser mit großer Modenfeldblende. Der Faserkern kann direkt über eine Laserdiode gepumpt werden, wodurch es möglich ist, Faserverstärker mit hohen Leistungen bei gleichzeitig guter Strahlqualität im Bereich von $M^2 < 1,1$ herzustellen.

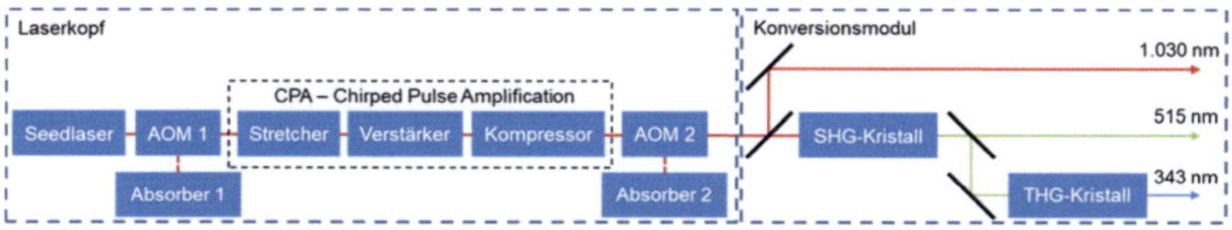

Abbildung 22: Schematischer Aufbau des fs-Lasersystems

Zur Erzeugung und Verstärkung der ultrakurzen Laserpulse wird die Chirped-Pulse-Amplification-(CPA)-Technologie genutzt. Dabei werden die Pulse sowie deren hohe Pulsspitzenintensität vor der Verstärkung durch ein optisch aktives Kerrmedium unter Ausnutzung des nicht linearen Kerr-Effektes, also der Ausbildung einer intensitätsabhängigen Brechzahl, gesandt und erhalten eine Frequenzmodulation, einen sogenannten Chirp.

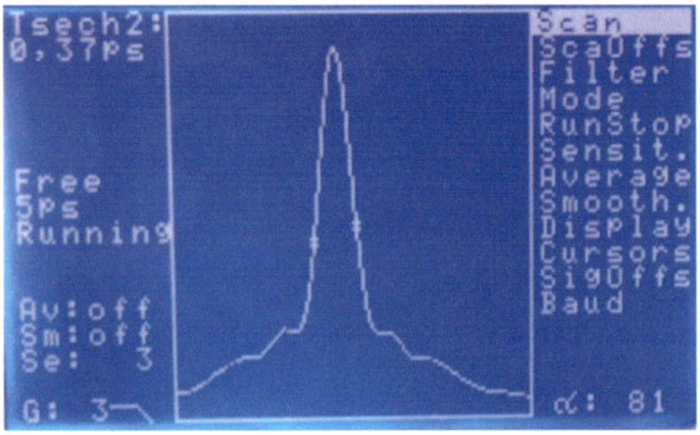

Abbildung 23: Pulsdauerprofil τ_P = 370 fs
(ermittelt mittels APE-Mini-Autokorrelator bei einem Seedlaserstrom von 390 mA)

Die Phasen im Spektrum des Pulses werden verschoben und dieser zeitlich verlängert. Nach der Verstärkung werden die Pulse durch Gitterkompressoren und dispersive Verzögerungsstrecken geschickt und die zeitlich unterschiedlich laufenden Frequenzanteile phasenrichtig rekombiniert. Damit können die Laserpulse mehr als tausendfach verkürzt werden [Jes05], [Eic10] und ergeben Pulsdauern < 400 fs. Ein Messbild ist in Abbildung 23 dargestellt. Durch den Pulspicker, einen akustooptischen Modulator (AOM), können dem mit 40 MHz oszillierenden Oszillator Pulse bis maximal 2 MHz entnommen werden. Die Pulsverstärkung erfolgt im Faserverstärker. Mit einem zweiten AOM kann die Pulswiederholrate weiter reduziert und damit die mittlere Leistung angepasst werden. In einem nachgelagerten Modul variiert man mit einem Gitterkompressor die Pulsdauer und wählt die entsprechende Wellenlänge. Der fs-Laser emittiert in seiner Grundwellenlänge 1.030 nm bei einer minimalen Pulsdauer von 350 fs, was bei einer Pulsfolgefrequenz von 100 kHz einer mittleren Leistung von 2,9 W und einer Pulsenergie von 29 µJ entspricht. Die gemessenen Leistungswerte sind in Abbildung 24 sowie in Tabelle 3 zusammengestellt.

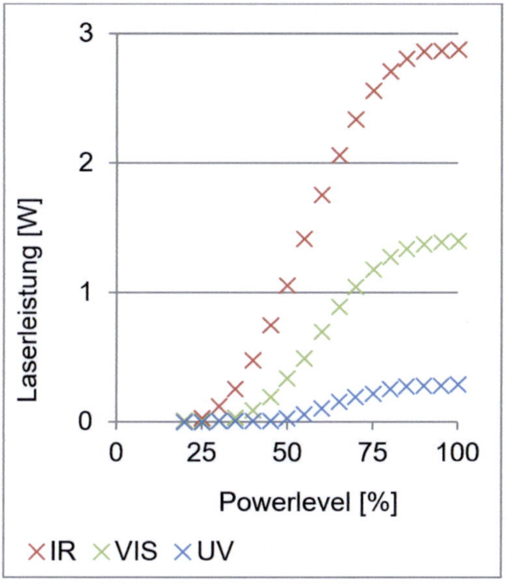

Abbildung 24: Gemessene Laserleitung in der Bearbeitungsebene der fs-Anlage für 1.030 / 515 / 343 nm

Tabelle 3: Zusammenfassung der Laserdaten und der gemessene Strahlprofile der verwendeten Laserstrahlquellen

	Lasertyp	**Lumera Laser HYPER RAPID 25**			**Amplitude Systems Satsuma HP²**		
	Laseraktives Medium	$ND{:}YVO_4$			Yb-dotierte Kristallfaser		
	Pulslänge$_{FWHM}$ [ps]	< 10			0,35		
	Wellenlänge [nm]	1.064	532	355	1.030	515	343
	Pulsfolgefrequenz [MHz]	< 1			< 2		
	Scansystem	SCANLAB hurry*SCAN II* 10			SCANLAB intelli*SCAN III* 14		
	Scansteuerung	RTC 5					
	Fokussieroptik	F_θ – telezentrisch			F_θ	F_θ – telezentrisch	
	Brennweite [mm]	80	100	103	100	100	114
Messwerte @ 100 kHz	**max. mittlere Leistung [W] am Werkstück**	19,1	12,9	4,8	2,9	1,4	0,3
	max. Pulsenergie [µJ] am Werkstück	191	129	48	29	14	3
	Fokusdurchmesser [µm]	36	12,6	19,1	15,9	12,2	9,3
	Rayleighlänge [µm]	650	1.100	600	157	235	230
	M^2	1,26	1,05	1,25	1,2	1,2	1,2
	Rohstrahlprofile TEM$_{00}$	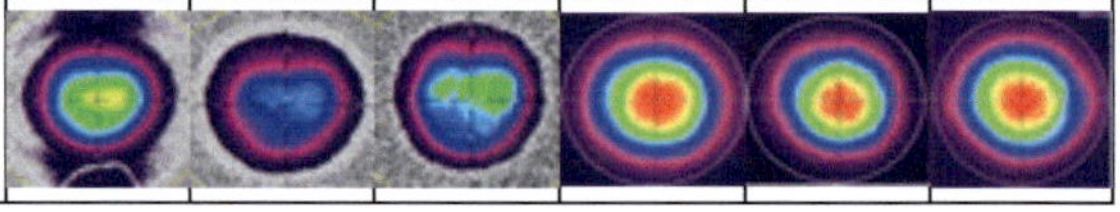					

5.2 Versuchsbedingungen

Die Versuchsproben werden für die Ablationsuntersuchungen schleifend getrennt, anschließend planparallel geläppt, gefast und gegebenenfalls chemisch-mechanisch poliert. Die Proben liegen als Ronden im Durchmesser von 30 bzw. 32 mm und einer Dicke von 8 bzw. 10 mm vor. Im Vorfeld jeder Laserbearbeitung muss die Leistung manuell kalibriert werden. Dafür wird die Laserleistung jeweils vor den Versuchen defokussiert gemessen und bei einem Fehlbetrag die Verstärkerspannung nachgeregelt, bis das jeweilig benötigte Pulsenergie- bzw. Fluenzäquivalent erreicht ist.

Alle Proben werden in einer Prozesseinhausung mit konstantem Luftstrom aus einer Ringdüsenanordnung beaufschlagt, um ein Absetzen ablatierten Materials auf der zu prozessierenden Oberfläche zu verhindern. Der Ablauf der Untersuchungen folgt generell dem in Abbildung 25 dargestellten Vorgehen.

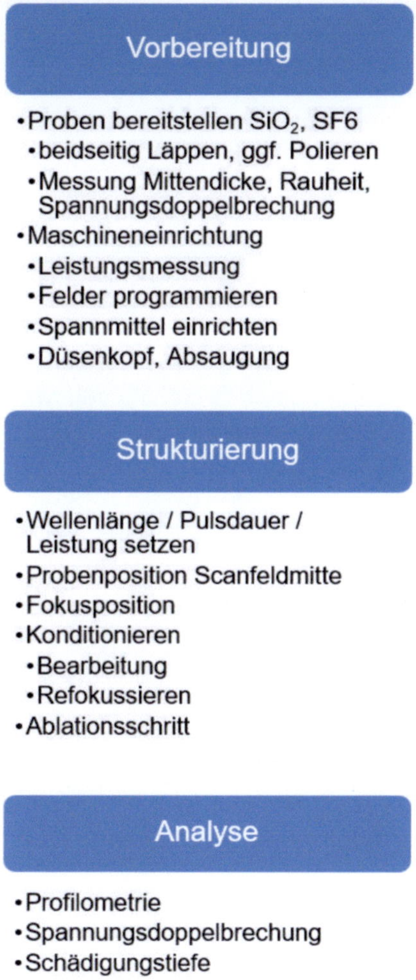

Abbildung 25: Handlungsabfolge bei der Versuchsdurchführung

Die Ablationsflächen für die experimentellen Untersuchungen weisen Mindestabmessungen von (4 x 4) mm^2 auf. Das Maß richtet sich dabei nach den Mindestgesamtmessstrecken zur Bestimmung von aperiodischen Rauheitsprofilen von 4 mm für erwartete Rauheitswerte im Bereich von $R_a > 0{,}1–2$ µm nach DIN EN ISO 4288. Weiterhin entstehen durch den Laserabtrag am Rand der Ablationsflächen Kanten mit materialspezifischen Winkeln [Dic11]. Diese und eine Mindeststrecke, die zur Spiegelbeschleunigung erforderlich ist, sind bei der Ablationsflächengröße ebenfalls berücksichtigt worden. Die Felder werden mit einer Pulsüberdeckung von 70 % des Fokusdurchmessers ablatiert. Dies führt unweigerlich zu unterschiedlichen Scangeschwindigkeiten für die jeweilig applizierte Wellenlänge und Pulsdauer, da sich für die unterschiedlichen Kombinationen nach Tabelle 3 jeweils unterschiedliche Fokusdurchmesser ergeben. Die Experimente werden randomisiert, blockweise und einmalig wiederholt. Es wird versucht, die Zufallsstreuung nicht variierter Einflussgrößen auf ein Minimum zu reduzieren, indem zusammenhängende Versuche direkt kurz hintereinander ablaufen, d. h., dass dazwischen maximal 2 h liegen. Die Zielgrößenanalyse erfolgt durch Erfassung von Mittelwerten.

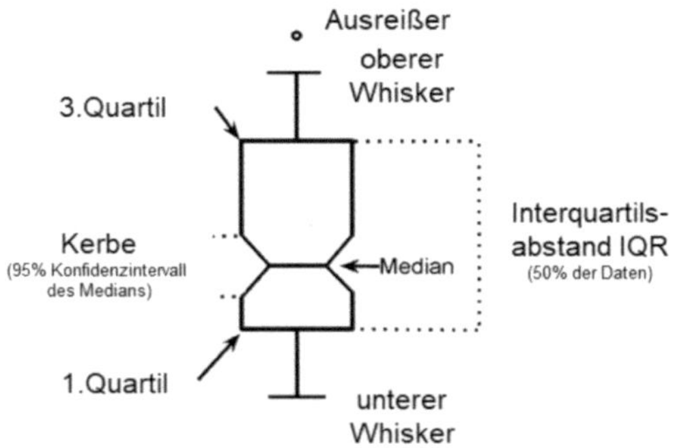

Abbildung 26: Verdeutlichung der Darstellung von Daten mit gekerbten Boxplots

Die Ergebnisse werden in Form von Diagrammen und Tabellen mit illustrierendem Bildmaterial diskutiert und eine Auswahl von Messdaten anhand von Boxplots dargestellt. Boxplots setzen sich wie in Abbildung 26 gezeigt aus einer „Box“, zwei „Whiskern“, zwei „Zäunen“ und Markersymbolen zusammen. Die untere Begrenzung der Box ist das 1. Quartil, die obere das 3. Quartil. Die Boxhöhe ist gleich dem Interquartilsabstand. Als Linie veranschaulicht unterteilt der Median die Box in zwei Hälften. Die Whisker begrenzen den Bereich der Werte, die außerhalb der Box liegen, aber keine Ausreißer sind. Die beiden horizontalen Begrenzungsstriche werden als Zäune bezeichnet, wobei der obere Zaun den höchsten Punkt der Verteilung angibt, der kleiner oder gleich dem 3. Quartil plus dem 1,5-fachen Quartilsabstand ist. Der untere Zaun entspricht dem niedrigsten Wert, welcher größer oder gleich dem 1. Quartil minus dem 1,5-fachen Quartilsabstand ist. Weitere Markersymbole markieren die höchsten und niedrigsten Werte [Koh05]. Gekerbte Boxplots werden eingesetzt, um die Lage und die statistische Sicherheit des Medians genauer aufzuschlüsseln. Die Kerbmaße ergeben sich nach [Mcg78] für ein 95 % Konfidenzintervall aus

$$M \pm 1{,}57 \cdot IQR / \sqrt{n}\,. \tag{15}$$

Dabei sind M der Median, IQR der Interquartilsabstand und n die Beobachtungsanzahl für das jeweilige Datenpaket. Überlappen die Kerben verglichener Boxplots nicht, ist davon auszugehen, dass sich bei erneuter Versuchsdurchführung mit gleichen Bedingungen ebenfalls signifikante Unterschiede einstellen [Cha83].

5.3 Prozess zum schichtweisen Formabtrag

5.3.1 Prozessablauf

In Abbildung 27 ist die Datenkette für eine herzustellende Fläche dargestellt. Die Fläche wird im Optikdesign definiert, berechnet und mittels STEP-Datei nach ISO 10303 an ein CAD-System übergeben. Nach der Erzeugung eines Volumenkörpers wird das abzutragende Volumen im CAM-System nach gewählten Vorgaben der material- und parameterspezifischen Abtragstiefen in z-Richtung ebenenweise geschnitten und die sich einstellenden Schnittkonturen als dxf-Dateien hinterlegt. Dabei werden die ebenen Schnitte entsprechend der sich ergebenden Konturverläufe und der Verfahrensparameter Spurüberdeckung und der Schraffurrotation pro Überfahrt schraffiert, anschließend die verbleibende Umrandungskontur entfernt und für die Weiterverarbeitung in der Maschinensoftwareumgebung bereitgestellt. Mithilfe eines Visual-

Basic-Skriptes werden die einzeln hinterlegten Schichtdaten hintereinander verarbeitet und mit den Laser-, Scanner- und Prozessparametern verknüpft. Beim Ausführen des Programmes erhalten die Steuerungsmodule Informationen für die Positionierung der Achsen und damit des Bauteiles sowie der anzufahrenden Position des Scansystems für die korrekte Fokusposition. Vor der Bearbeitung wird zur Sicherstellung konstanter Abtragsbedingungen ein Konditionierschritt durchgeführt. Der Schichtstapel wird in einer Schleife Schicht für Schicht verarbeitet und die Laserdaten an das Lasersystem und die Positionsdaten für die Scannerspiegel über einen RealTimeController an das Scansystem gesendet. Abhängig von der bereits abgetragenen Schichtanzahl bzw. Abtragstiefe wird der Fokuspunkt mit der z-Achse nachjusiert.

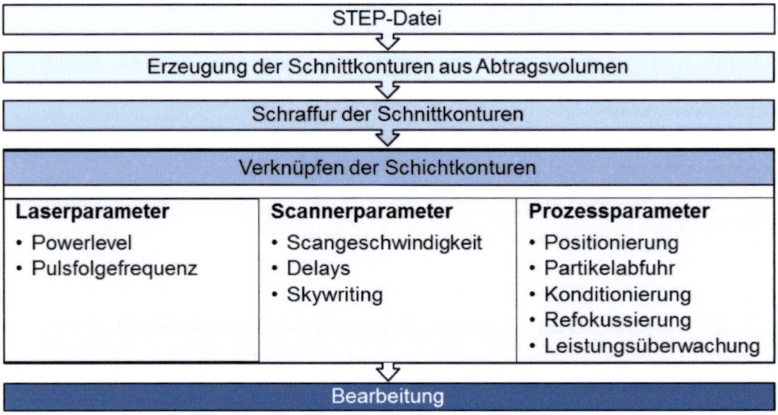

Abbildung 27: Datenkette für Slicing-Prozess

Für eine konstante Abtragstiefe pro Überfahrt wird die interne Leistung protokolliert und in einem gewählten Limit korrigiert. Für die Partikelabfuhr wird eine Prozesseinhausung mit einer Partikelabsaugung beim Ausführen des Programmes gestartet. Bei der Prozesseinhausung handelt es sich um einen konstruktiv ausgelegten experimentellen Versuchsstand, dessen Absaugstutzen in eine konventionelle Abluftreinigungsanlage geführt wird. Damit soll sichergestellt werden, dass sich möglichst kein abgetragenes Material durch Rekondensation auf der Materialoberfläche niederschlägt und den nachfolgenden Schichtabtrag beeinflusst.

5.3.2 Schichterzeugung

Für die Bearbeitung gekrümmter Flächen muss das zu entfernende Volumen aus einem CAD-Datensatz erzeugt und in zur x-y-Ebene parallele einzelne, voneinander getrennte Schichten zerlegt werden. Bekannt ist dies aus der CAM-Programmierung für Zerspanprozesse, dem sog. z-Level-Constant-Machining. Die Schichtabstände haben großen Einfluss auf die Formtreue der entstehenden Struktur und den sich ergebenden Treppenstufeneffekt. Abbildung 28 veranschaulicht die geometrischen Gegebenheiten.

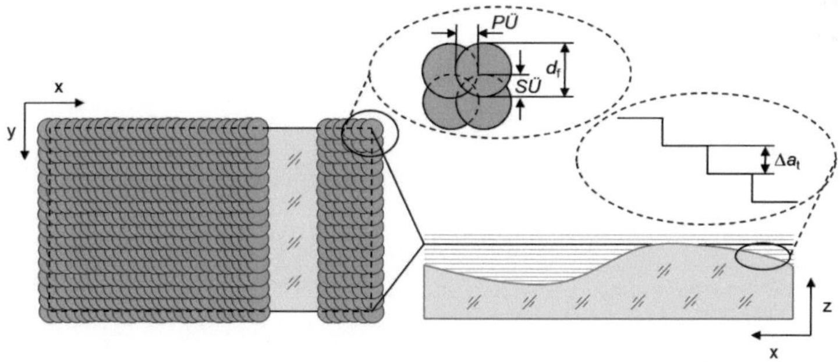

Abbildung 28: Größendarstellung von Spur- und Pulsüberdeckung sowie Schichtabstand in Anlehnung an DIN 32540 – Laserstrahlabtragen – Thermisches Abtragen mit dem Laserstrahl

Geringe Schichtabstände führen bei gekrümmten Sollflächen zu einer hohen Formtreue, gleichzeitig erhöht sich jedoch die Schichtanzahl, der Berechnungsaufwand für deren Erzeugung und die zu verarbeitende Datenmenge. Die zu wählenden Schichtabstände richten sich nach den real erreichbaren Abtragstiefen pro Überfahrt. Für eine hohe Formtreue sollte demnach ein geringer Schichtabstand gewählt werden. Weiterhin gilt der Fokusdurchmesser als Fehlergröße bei der konturnahen Abarbeitung der Einzelschichten, da dessen Radius stets die Scanvektoren am Anfang und Ende um seinen Wert verlängert. Durch eine um den Wert des Strahlradius reduzierte Schichtausdehnung wird dieser Fehler korrigiert. Die Schraffurlinien ergeben in der x-y-Ebene verlaufende Vektoren, welche in Form von Spannungswerten von der Scannersteuerung zu einer Winkelverstellung am Spiegel führen. Zu jedem Vektorbeginn wird der Laser definiert an- und am Ende ausgeschaltet. Die Scanlinienschraffur wird pro Überfahrt um 90° rotiert und unidirektional abgearbeitet.

5.3.3 Optimierung des Scansystems

Für die Bearbeitung einzelner Schichten zur Formgebung mit einem Scansystem ist es notwendig, dessen Parameter zu optimieren.
Während für die Parameteruntersuchungen die entstehenden ebenen Flächen bewertet werden, ist für die Formgebung eine konstante Pulsüberdeckung bis zum Rand der abzutragenden Flächen wichtig. Ist das Ondelay zu lang bzw. das Offdelay zu kurz, werden die Markiervektoren nicht wie geometrisch bestimmt abgearbeitet, sondern am Anfang bzw. am Ende zu kurz. Im umgekehrten Fall kommt es zu Einbränden nach dem Stop der Spiegelbewegung. Die korrekte Wahl der Delays ist abhängig von der Scangeschwindigkeit, welche wiederum abhängig von der gewünschten Pulsüberdeckung zu wählen ist.
Für die Ermittlung der optimalen Delays werden parallele Linien mit steigenden On- und Offdelays und eine senkrecht dazu verlaufende Linie als Begrenzung der Start und Stopppunkte auf einer polierten Glasprobe erzeugt. Ein Optimum ist gefunden, wenn die Scanlinien die Begrenzung erreichen, ohne eine erhöhte Pulsüberdeckung und damit einen fehlerhaften Abtrag zu hinterlassen. Für die Reihe von Scangeschwindigkeiten in Abbildung 29 ergeben sich für die Bearbeitung bei 355 nm im ps-Regime Optima von 145 µs für das Ondelay und 290 µs für das Offdelay bei einer Scangeschwindigkeit von 0,57 m/min.

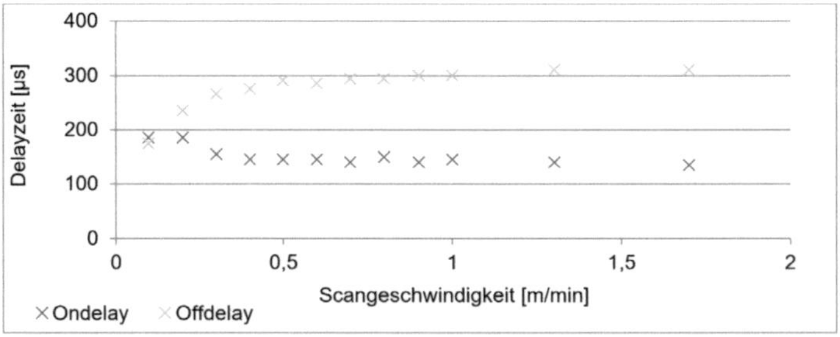

Abbildung 29: Beispielhafte Darstellung von Laser-On- und -Offdelay

Für den Übergang einzelner Vektoren werden zwischen den Markierdaten Scannerdelayzeiten eingefügt. Diese Jump- und Markdelays beeinflussen die geometrische Abarbeitung eines Scanvektors. Zu kurz gewählte Jump- und Markdelays führen zu Fehlern in der Geometrie der abzutragenden Schichten, also der Schnittkonturen wie in Abbildung 30 a dargestellt, und folglich zu einem Formfehler. Zu kurz gewählte Mark- und Jumpdelays wirken sich nicht negativ auf das Bearbeitungsergebnis aus, verlängern aber die Bearbeitungszeit, wie in Abbildung 30 b abgebildet. Der hier gewählte Wert beläuft sich auf 1 ms. Für aneinander gesetzte Vektoren, die zusammen einen Polygonzug ergeben, wie es bei Lasermarkierapplikationen üblich ist, wird ein Polygondelay zur Optimierung festgelegt. Die Scanvektoren der Einzelschichten werden unidirektional der Schraffur folgend abgearbeitet, weshalb kein expliziter Wert für das Polygondelay gesetzt werden muss.

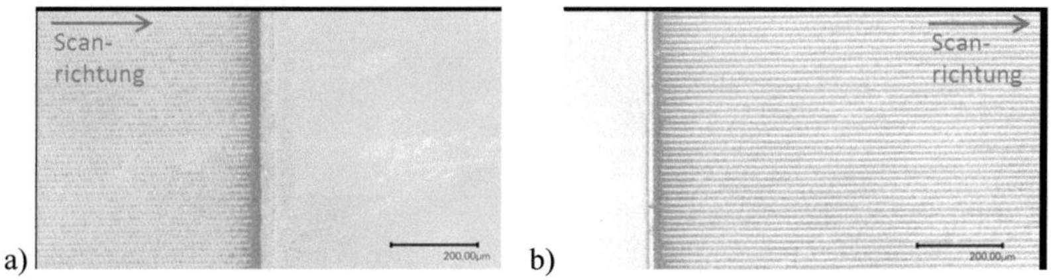

Abbildung 30: Einfluss von Mark- und Jumpdelays.
a) aufgrund eines zu kurzen Markdelays wird die Abarbeitung zu früh beendet und die Berandung einer Schicht (senkrechter Strich) nicht erreicht;
b) aufgrund eines zu kurzen Jumpdelays wird die Abarbeitung zu spät gestartet und die Berandung einer Schicht (senkrechter Strich) nicht erreicht

Bei der Abarbeitung der einzelnen Scanvektoren kommt es mit den verwendeten Scansystemen am Anfang und am Ende der Spiegelbewegung zu trägheitsbedingten Beschleunigungsphasen. In Kombination mit der fortwährend gepulsten Laserstrahlung folgt an diesen Stellen eine Erhöhung der Pulsüberdeckung und folglich eine Grabenbildung bei Aneinanderreihung der Scanvektoren. Das zieht Geometriefehler im Randbereich der abzutragenden Schichtkontur nach sich und verschlechtert das Gesamtergebnis. Mithilfe der Skywriting-Funktion kann dem jeweiligen Scanvektor eine Beschleunigungszeit in Form des Parameters N_{prev} vorgeschaltet bzw. mit N_{post} nachgeschaltet werden, sodass folglich entlang des Markiervektors eine konstante Scangeschwindigkeit sowie Pulsüberdeckung gewährleistet wird. Weiterhin legen die Parameter timelag *TL* und laseronshift *LOS* die

Verzögerung der Ein- und Ausschaltzeitpunkte in Relation zur Soll-Anfangs- und Soll-Endposition fest. Zur Bestimmung der optimalen Parameter werden Flächen mit einmaliger Überfahrt abgetragen und die sich ergebenden geometrischen Abweichungen bestimmt. In Tabelle 4 wird deutlich, dass sich die Endpunkte der Scanlinien bei Erhöhung des timelags an ihre Sollposition annähern. Dies erfolgt jedoch nicht vollständig, stattdessen bildet sich ein Graben aus, daher muss zusätzlich der Wert für die Bremszeit korrigiert werden.

Tabelle 4: Optimierung der Scanlinienendposition

***TL* zu kurz**	***TL* zu lang**	**N_{post} zu kurz**	**Optimal**
$TL = 50$ µs **N_{post} = 0 µs**	$TL = 300$ µs **N_{post} = 0 µs**	$TL = 200$ µs **N_{post} = 0 µs**	$TL = 230$ µs **N_{post} = 300 µs**
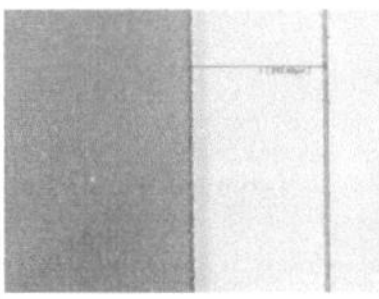	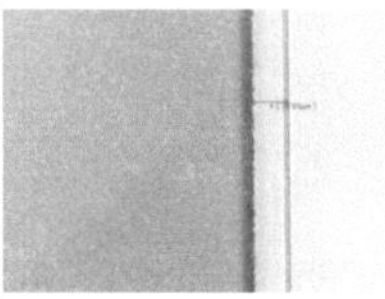	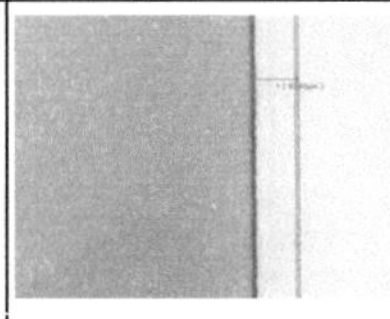	
Abstand zur Sollposition	Grabenbildung	Abstand zur Sollposition	

Für die Startpositionen wird die Einschaltzeit wie in Tabelle 5 dargestellt verkürzt und die Beschleunigungszeit auf 300 µs gesetzt. Somit ergeben sich für die Start- und Endpositionen minimale Abweichungen von den Sollpositionen im Bereich von wenigen Mikrometern.

Tabelle 5: Optimierung der Scanlinienstartposition

***LOS* zu lang**	***LOS* zu kurz**	**N_{prev} zu kurz**	**Optimal**
$LOS = 30$ µs **N_{prev} = 0 µs**	$LOS = -100$ µs **N_{prev} = 0 µs**	$LOS = -50$ µs **N_{prev} = −50 µs**	$LOS = -5$ µs **N_{prev} = 300 µs**
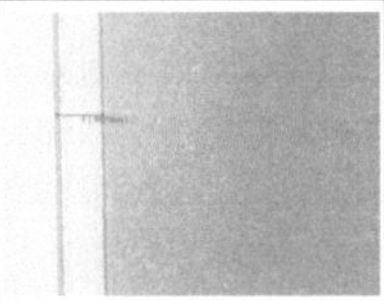		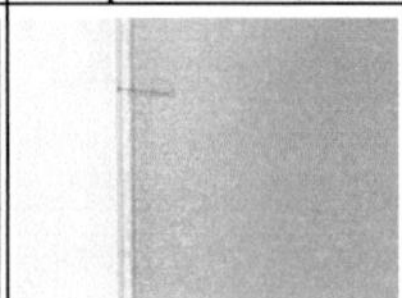	
Abstand zur Sollposition	Grabenbildung	Abstand zur Sollposition	

5.3.4 Leistungsregelung

Über längere Bearbeitungszeiträume kommt es bei der Leistungsabnahme zu einer wachsenden Systemdrift, die eine Schwankung der Laserleistung und damit der Pulsenergie mit sich bringt. Diese Änderungen haben kontinuierlich wachsenden Einfluss auf die eingestrahlte Fluenz und damit auf die Abtragstiefe. Da die Einzelschichtabstände mit den aus den eingestellten Parametern resultierenden Abtragstiefen synchronisiert werden, kommt es zu einem Formverlust. Um diesen Fehler zu vermeiden, wird die Leistung im Ablauf einer Bearbeitungsabfolge gemessen und protokolliert. Die auf das Bauteil einwirkende Laserleistung wird nur indirekt über den Powerlevel eingestellt und über einen in die Maschine integrierten Leistungsmesskopf im Bearbeitungsraum ermittelt. Die Leistungsmessung ist durch ein Unterbrechen des Bearbeitungsprozesses und einer Zustellbewegung des Bearbeitungstisches verbunden. Eine sich während des Prozesses wiederholende Messung der Leistung ist somit mit langen Bearbeitungszeiten verbunden. Als Alternative steht ein interner Messkopf zur Verfügung, dessen Messwert mit Hilfe eines Skriptes protokolliert und in Abhängigkeit vom gewünschten Leistungswert am Bauteil im Vorfeld der Bearbeitung festgelegt werden kann. Nach einer festzulegenden Überfahrtenanzahl kann der interne Leistungswert bestimmt und dessen Lage im vorher definierten Toleranzfeld geprüft und der Powerlevel online iterativ nachgeregelt werden. Der in Abbildung 31 dargestellte Verlauf der Leistung mit und ohne Nachregelung über mehrere Stunden zeigt, dass sich im ungeregelten Fall eine Drift von bis zu 44 mW (3,6 %) ergibt.

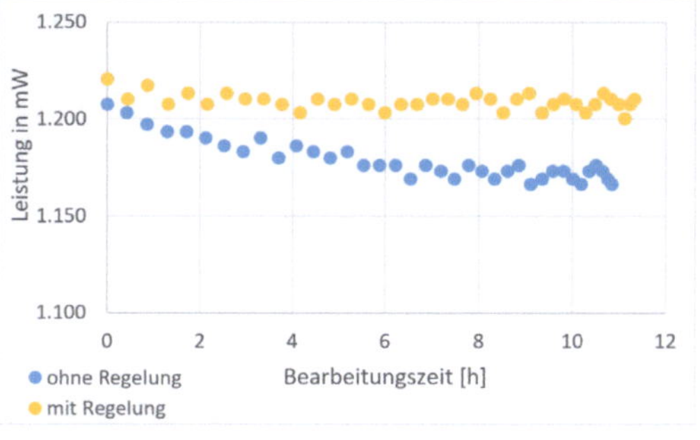

Abbildung 31: Gegenüberstellung der mittleren Laserleistung über die Bearbeitungszeit für geregelten und ungeregelten Laserbetrieb

5.4 Zielgrößen und Analysemethoden

Im Folgenden sollen die zur Bewertung der Ablationsflächen herangezogenen Zielgrößen und Bewertungsmethoden beschrieben werden.

5.4.1 Rauheit, Abtragstiefe und Abtragsrate

Die Rauheit wird mittels eines 2D-Profilometers Form Talysurf 120 Series 2 der Fa. Taylor Hobson nach DIN EN ISO 4287 und DIN EN ISO 10110 bestimmt. Die quadratische Mittenrauheit R_q wird für die Bewertung wie folgt bestimmt:

$$R_q = \sqrt{\frac{1}{l_r}\int_0^{l_r} z^2(x)\,dx} \qquad (16)$$

Für die Messungen wird eine Tastnadel mit einem Tastspitzenradius von 2 µm und einem Tastspitzenwinkel von 60° bei einer Messkraft von 1 mN und einer lateralen Auflösung von 10 nm verwendet. Mit Hilfe dieser Tastnadel sind Strukturen im Bereich > 5 µm nachweisbar, also eine Gestaltabweichung ab der 4. Ordnung nach DIN 4760. Die Bandbreite der analysierten Wellenlängen für die Rauheit liegt zwischen 0,0025 mm und 0,8 mm. Gemittelte Messwerte ergeben sich aus mindestens drei Einzelwerten.
Die Abtragsrate V_W wird aus dem Quotienten des abgetragenen Volumens V zur Bearbeitungszeit t bestimmt:

$$V_W = \frac{V}{t} \qquad (17)$$

Die Messung der Abtragstiefe T_A erfolgt analog zur Rauheit und wird aus den Tastschnittdaten mittels der Software TalyMap Silver gewonnen. Für das Messgerät ergeben sich Kalibrierunsicherheiten von 0,2 µm. Die Bearbeitungszeit ergibt sich aus dem Weg-Zeit-Gesetz und demnach aus dem Quotienten des Bearbeitungsweges, also aus der Summation von Scanstrecken und der jeweils gewählten Scangeschwindigkeit.

5.4.2 Spannungsdoppelbrechung

Für die ortsaufgelöste Bestimmung des optischen Gangunterschiedes steht ein StrainMatic M4/100 der Fa. Ilis mit Matrixkamera zu Verfügung. Die Wiederholgenauigkeiten liegen im Bereich ± 0,1 nm.
Für die makroskopische Bestimmung der durch den Laserprozess induzierten optischen Gangunterschiede werden die Proben vor (spannungsarm in optischer Qualität) und nach der Laserbestrahlung mit dem Polarimeter gemessen und anschließend Feld für Feld gegeneinander verrechnet. So ergibt sich wie in Abbildung 32 beispielshaft gezeigt eine induzierte Spannungsdoppelbrechung von 1,4 nm/cm für das ablatierte Feld. Für die Untersuchungen wurde Probenmaterial ausgewählt, wie es i. d. R. vom Optiklieferant (spannungarm und feingekühlt) bezogen wird. Untersuchungen zum Einfluss von erhöhten Spannungszuständen vor der Laserbearbeitung waren nicht Gegenstand der Arbeit.

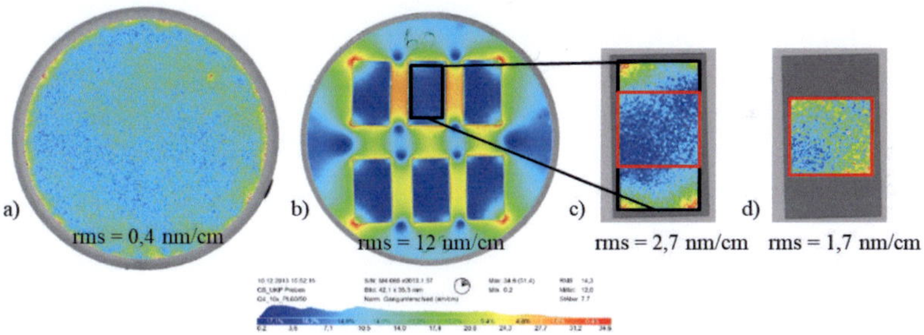

Abbildung 32: Exemplarische Polarimetermessbilder einer Quarzglasprobe. a) unbearbeitet; b) mit sechs Ablationsfeldern; c) mit begrenztem Auswertebereich; d) mit begrenztem Auswertebereich ohne Kanteneinflüsse zur Bestimmung der induzierten Spannungsdoppelbrechung eines Ablationsfeldes

5.4.3 Methodik zur Bestimmung der Schädigungstiefe

Die Bestimmung der Tiefe der geschädigten Zone wird mit schrittweiser Politur und lichtmikroskopischer Analyse der Probenoberfläche, wie in Abbildung 33 dargestellt, realisiert. Das von den geschädigten Bereichen gestreute Licht der Dunkelfeldbeleuchtung wird vom Objektiv eingefangen und kontrastreich abgebildet.

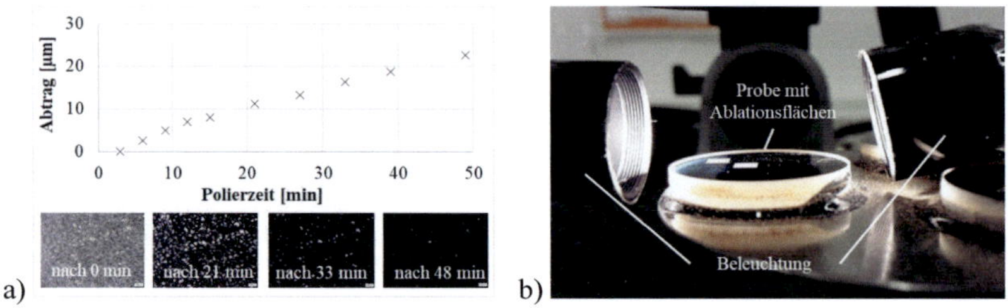

Abbildung 33: Ermittlung des Abtrages durch sukzessives Polieren zur Ermittlung der Schädigungstiefe. a) Abtrag über Poliertiefe mit tiefentypischen Dunkelfeldaufnahmen; b) Laboraufbau zur mikroskopsichen Analyse einer laserbearbeiteten Quarzglasprobe

Der Polierabtrag wird mittels Mittendickenmessung bestimmt. Die Schädigungstiefe gilt als ermittelt, wenn sich im Dunkelfeld keine Defekte mehr finden lassen. Weiterhin werden die Messbilder hinsichtlich des flächigen Anteiles der Schädigung an der gesamten Messfläche bewertet. Die Parallelität von Vorder- und Rückfläche der Ronden ist freimaßtoleriert, d. h. es entsteht ein kleiner Kippwinkel zwischen bestrahlter Fläche und Probenoberfläche. Dadurch ergeben sich zu Beginn der sukzessiven Politur u. U. ungleichmäßige Polieransichten. Typische Schädigungstiefen nach dem Feinschleifprozessen liegen im Bereich von 10-20 µm.

5.4.4 Methodik zur Bestimmung der Formabweichung

Zur qualitativen Beschreibung der ablatierten Freiformflächen werden die mittels 3D-Profilometrie gewonnenen Messdaten mit der Auswertesoftware TalyMap Silver polynomisch genähert, d. h., aus den Messdaten wird Schritt für Schritt die Form eines Polynoms n-ten Grades entfernt. Der Grad wird dabei vom Anwender so definiert, dass die Annäherung die entsprechende Oberfläche darstellt. Je höher der Grad des Polynoms, umso mehr wird die Welligkeit reduziert. Für eine zu entfernende Oberfläche Z mit

$$Z = f(x, y) \tag{18}$$

ergibt sich das Polynom n-ten Grades wie folgt:

$$Z_n(x,y) = \sum_{i=0}^{n} \sum_{j=0}^{n} a_{ij} x^{ij} \quad mit \quad i + j \leq n \tag{19}$$

Das sich ergebende Polynom besteht aus den Koeffizienten $a_{i,j}$, die automatisch mit der Methode der kleinsten Quadrate berechnet werden. Vom Anwender wird das Polynom angegeben, welches die Komplexität der zu entfernenden Form visuell am besten beschreibt.

6 Ergebnisse und Diskussion

Im folgenden Kapitel werden die Untersuchungsergebnisse dargestellt und diskutiert, beginnend mit den Ergebnissen zum schichtweisen Abtrag. Nachdem der Einfluss der Entfernung von Ablationspartikeln diskutiert wird, werden die Bearbeitungsgrenzen für Quarzglas und SF6 ermittelt und bestimmt. Ebenso wird diskutiert, welcher Vorbearbeitungszustand sich für die Formgebung eignet und den geringsten Konditionierabtrag benötigt. Anschließend werden die Ergebnisse zum Einfluss von Pulsenergie, Wellenlänge und Pulsdauer auf die Zielgrößen bewertet und die gesammelten Ergebnisse zur Herstellung einer Zylinder- und Freiformgeometrie angewandt und bewertet.
Weiterhin werden die experimentellen Ergebnisse zur Bearbeitung mittels Scanprofil dargelegt. Ausgewählte Scanprofile werden hinsichtlich optimaler Bearbeitungsparameter bewertet und sukzessive zum weg-zeit-gesteuerten Abtrag entwickelt. Nach Untersuchungen zum linearen sowie zum ein- und zweidimensionalen Abtragsverhalten wird eine Demonstrationsfläche funktionsabhängig abgetragen und bewertet.

6.1 Untersuchungen zum schichtweisen Abtrag

6.1.1 Entfernung von Ablationspartikeln

Bei der Bearbeitung mit ultrakurzen Laserpulsen wird das Glas durch die hohen Intensitäten im Fokus ionisiert und die atomaren Verbindungen zerstört. Das so entstehende Plasma breitet sich aus und erzeugt Druckwellen im Überschallbereich [Sta03], welche das Material schädigen und z. T. mit sich reißen. Diese bei der Plasmaexpansion mitgeführten Partikel wechselwirken im Verlauf der Bearbeitung mit den folgenden Pulsen des bewegten Laserstrahls und wirken als Streuteilchen, reduzieren so die Intensität und stören den Ablationsprozess. Dieser Wechselwirkung von einfallenden Laserstrahlen mit emittierten Partikeln, die sich auf und um die bearbeitete Fläche ablagern, und dem damit verbundenen Einfluss auf das Bearbeitungsergebnis muss entgegengewirkt werden. Das Abführen von Ablationspartikeln aus der Wechselwirkungszone mit einem Crossjet, einem wirbelarmen

Gasstrom, und einem Saugrohr weitestgehend senkrecht zur Laserstrahlrichtung über der Probenoberfläche während der Bearbeitung ist etabliert und bewirkt eine Reduzierung von auf der Oberfläche verbleibendem Ablationsmaterial. Dafür ist es erforderlich, den Partikelabtransport gezielt zu beeinflussen und einen etwaigen Effekt auf das Abtragsergebnis darzustellen. Um das zu zeigen, wird zunächst exemplarisch N-BK7 (SiO_2-Materialanteil < 70%) als Vertreter der mineralischen Gläser jeweils unter stehender Atmosphäre bei Umgebungsdruck, bei einer horizontal-gerichteten Luftströmung sowie in einer Prozesseinhausung prozessiert und die Einhausung dann später auch für die Folgeversuche für Quarzglas und SF6 genutzt. Als strömendes Medium wird Druckluft verwendet, welche bei ca. 2 bar und einem Volumenstrom von ca. 50 l/min von der Bearbeitungsanlage bereitgestellt wird.

Im Rahmen der Arbeit wurde als Einhausung eine Prozesskammer mit acht radial angeordneten Düsen und sechs Absaugschlitzen zu Entfernung des ablatierten Materials entwickelt, konstruiert und aufgebaut (Abbildung 34). Das mit *ANSYS* simulierte Geschwindigkeitsströmungsfeld und die zugehörigen Geschwindigkeitsvektoren im Schnitt durch die z-y-Ebene der Kammer zeigen den Strömungsauslass aus zwei exemplarischen Düsen. Aus der Luftbewegung resultiert ein turbulenter Strömungsbereich oberhalb der Glasproben mit Verwirbelungen, der eine Ablagerung von Partikeln im Ablationsgebiet verhindern und den Ablationsprozess durch die gezielte Einbringung von kinetischer Bewegungsenergie positiv in Hinblick auf die Ausprägung der Rauheit und Randzonenschädigung beeinflussen soll. Diese positiven Effekte sind materialunabhängig und konnten auch für das Quarzglas und SF6 nachgewiesen werden.

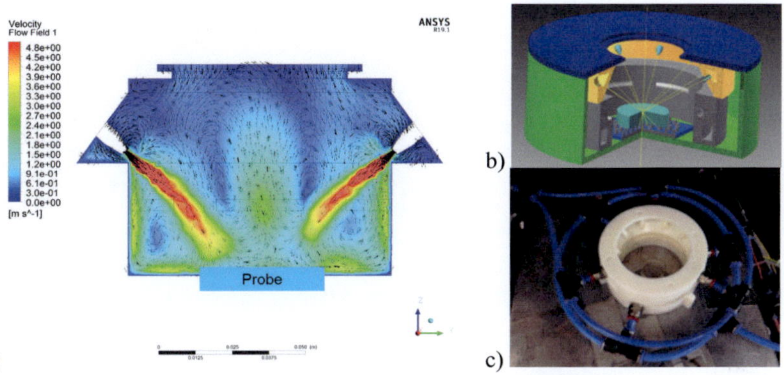

a) b) c)

Abbildung 34: Einhausung zur gezielten Partikelabfuhr.
a) Simulationergebnis zu Geschwindigkeitsströmungsfeld / -vektoren;
b) schematische Darstellung; c) 3D-gedruckte Einhausung in der Laseranlage

Die unter variablen Luftströmungen aber konstanten Parametern, wie in Tabelle 6 dargestellt, prozessierten Oberflächen werden taktil vermessen und die quadratische Mittenrauheit sowie die gemittelte Abtragstiefen ermittelt. Die Partikelgestalt wird ferner mittels Rasterelektronenmikroskop bewertet.

Tabelle 6: Bearbeitungsparameter zum Nachweis des Einflusses der Luftströmung

Material	**λ [nm]**	**F_{th} [J/cm²]**	**f_R [kHz]**	**τ_p [ps]**
N-BK7	355	5,2	200	< 10
$R_{q,initial}$ [µm]	**Schraffur**	**Überfahrten**	**Spur-/Pulsüberdeckung [%]**	
0,4	90° drehend	20	70	

Abbildung 35 ist zu entnehmen, dass sich die gemessenen Abtragstiefen kaum unterscheiden. Für alle Kombinationen werden Werte zwischen 54,2 und 55,5 µm erreicht. Im Gegensatz dazu ergeben sich Unterschiede bei den Rauheitswerten. Während im Fall ohne Luftströmung die höchste Rauheit von 0,65 µm gemessen wird, sinkt sie durch die Partikelabfuhr mittels horizontal-gerichteter, turbulenter Luftströmung auf 0,55 µm und mit Nutzung der ringförmigen Düsenanordnung in der Einhausung auf 0,43 µm.

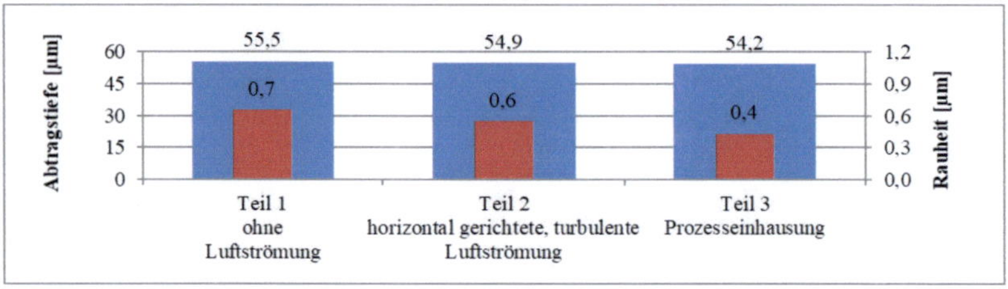

Abbildung 35: Gemittelte Abtragstiefen und Rauheitswerte der mit variabler Luftströmung prozessierten N-BK7-Proben (N = 2)

Die mittels Graphitband im Ablationsgebiet entnommenen und mittels Rasterelektronenmikroskop analysierten Ablationspartikel sind Abbildung 36 zu entnehmen. Partikel aus der Bearbeitung ohne Luftströmung (Abbildung 36 a) zeigen eine kugelförmige und abgerundete elliptische Gestalt und sind wenige Mikrometer groß. Die Ablationspartikel werden explosionsgetrieben weg von der Glasoberfläche emittiert, lagern sich jedoch direkt im Ablationsgebiet wieder ab, häufen sich mit zunehmender Überfahrtenanzahl und schirmen Folgepulse ab. Auch die beschriebene Partikelform ist ein Indiz dafür, dass ablatiertes und z. T. aufgeschmolzenes Material genug Zeit hat, sich abzusetzen oder zu erstarren. Die Teilchen befinden sich lose und aufgelockert, aber dicht beieinander auf der Oberfläche und treten so fortwährend immer wieder in Wechselwirkung mit dem Laserstrahl.

a) b) c)

Abbildung 36: REM-Aufnahmen der Ablationspartikel nach Bearbeitung. a) ohne Luftströmung; b) horizontale Luftströmung; c) Prozesseinhausung

Die Struktur der Partikel aus dem Versuch mit horizontaler Luftströmung ist zylinder- und kegelförmig und weniger kugelförmig (Abbildung 36 b), wodurch ein Einfluss der Luftströmung auf die Partikelgestalt offensichtlich wird. Weiterhin lagern sich durch die horizontale Luftbewegung weniger Partikel in der Wechselwirkungszone ab, sodass eine feinere Oberflächenstruktur entsteht. Verglichen mit den Ergebnissen unter Verwendung der Einhausung (Abbildung 36 c) mit ungerichteter, turbulenter Luftbewegung zeigen sich jedoch immer noch rauere Oberflächen. Verbleibende Partikel in Hinterschneidungen wie Ablationskratern können als Ursache gesehen werden. Bei Verwendung der Einhausung sind ebenfalls zylinderförmige, langgezogene Strukturen zu verzeichnen. Einzelne Partikel weisen hier kleine Fäden auf und agglomerieren zu größeren Brocken der Größenordnung bis fünf Mikrometer am Rande der Probe. Weiterhin sind kantige Bruchstücke der gleichen Größenordnung zu erkennen. Im Gegensatz zu den Versuchen mit stehender Atmosphäre und gerichteter Strömung sind auf den Ablationsflächen mit Verwendung der Einhausung nur sehr geringe Partikelansammlungen zu verzeichnen. Durch die eingeleitete Luftströmung werden die Partikel bewegt und abgesaugt.

Um auch den Einfluss der Luftströmung auf die Schädigungstiefe zu bestimmen, werden die prozessierten Proben schrittweise poliert. Tabelle 7 veranschaulicht die Flächen im Dunkelfeld unter mikroskopischer Betrachtung abhängig vom Polierabtrag. Es sind deutliche Unterschiede in der Sichtbarkeit von Schädigungen zu erkennen. Mit Verwendung der Einhausung sind trotz ähnlichen Abtrags zwischen 54,2 und 55,5 µm die strukturellen Schäden geringer ausgeprägt und bereits nach 9 µm Polierabtrag mittels visueller Inspektion nicht mehr zu erkennen.

Tabelle 7: Mikroskopische Auswertung der Schädigungstiefe

		Teil		
		1 ohne Luftströmung	**2 horizontale Luftströmung**	**3 Prozesseinhausung**
Polierabtrag [µm]	**3**			
	5			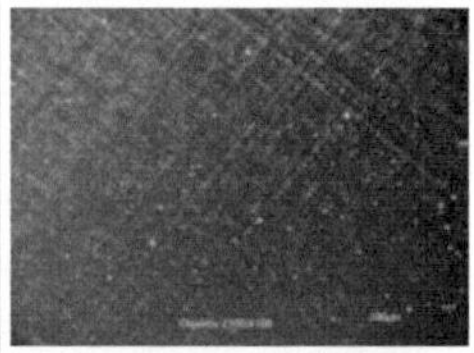
	9	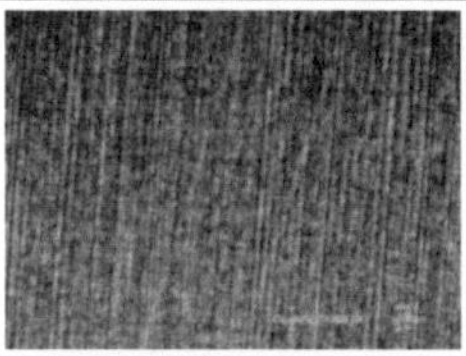		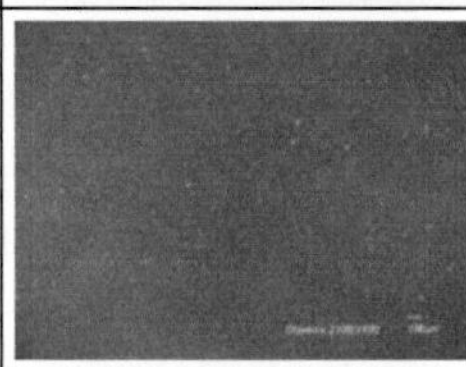
	11	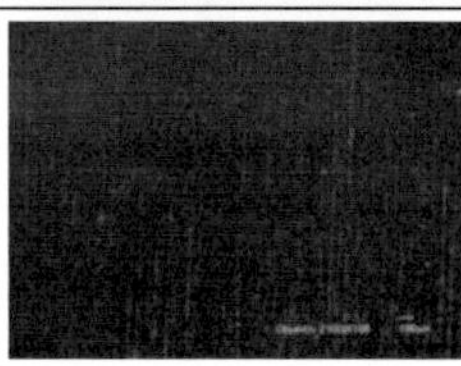	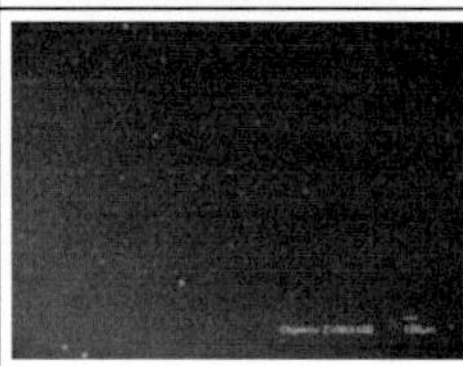	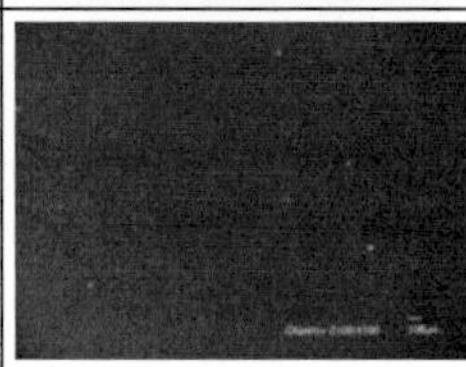

Aus den Versuchen wird deutlich, dass sich mit Verwendung einer Einhausung und gezielter Partikelabfuhr günstige Bedingungen für den Abtragsprozess einstellen. Denn damit geht eine Reduzierung der Rauheit und der strukturellen Schäden einher mit gleichbleibender Abtragstiefe und stark verringerter Partikelablagerung. Dies ist von besonderer Bedeutung und obligatorisch für den schichtweisen Abtrag, da hier nicht wie bei häufigen Strukturierungsaufgaben nur sehr wenige Überfahrten realisiert werden müssen, sondern einzelne Bereiche auf der entstehenden Fläche mehrere hundert Male bearbeitet werden können. Die observierten abgelagerten Partikel sind brüchig, z. T. lang und thermisch auch beeinflusst. Das ist ein Indiz dafür, das längst nicht das gesamte Material in der Wechselwirkungszone ionisiert wird, sondern ausgelöst durch ionisationsbedingte Abstoßungskräfte Phasenübergänge stattfinden und Bindungen in Form von Mikroexplosionen lokal zerstört werden und folglich Partikel redeponieren. Offensichtlich üben diese zurückbleibenden Partikel Einfluss auf die Abtragsmechanismen aus. Bei der Wechselwirkung der Laserstrahlung mit den losen Partikeln und dem Grundsubstrat treten vermeintlich größere Expansionskräfte in Richtung Grundsubstrat auf, da lose Partikel die Plasmaexpansion und den Partikelauswurf zusätzlich erschweren und so für eine stärkere Schädigung des Grundsubstrates verantwortlich sind. Gestützt wird dies durch die geringere Rauheit bei optimaler Partikelentfernung mit Einhausung und Ringdüsenanordnung. Die gewonnenen Erkenntnisse zum Einfluss des Partikelniederschlages auf den Wechselwirkungsprozess sind wichtig und beim Formabtrag an Glasoberflächen zu berücksichtigen. Das kann einerseits die Verwendung von CFD-Modellen und andererseits die Berücksichtigung der konkreten Freiformgeometrie (Verwirbelungseffekte durch Geometrie) betreffen, da deren Ausführungsformen in der Praxis sehr unterschiedlich sein können und eine spezielle Anpassung des optimierten Partikelabtransportes aus dem Wechselwirkungsvolumen erfordert. Weiterführende Simulations- und Prozessauslegungsschritte sind nicht Gegenstand dieser Arbeit.

6.1.2 Bestimmung der Bearbeitungsgrenzen

Zur Untersuchung des schichtweisen Abtrages werden zunächst die unteren Bearbeitungsgrenzen für Quarzglas- und SF6- Proben ermittelt. Das heißt, es wird die Frage geklärt, ab welcher Leistung bzw. welcher Fluenz ein deutlicher Abtrag stattfindet. Dieser wird mittels taktiler 2D-Profilometrie ermittelt, mit der ein Mindestabtrag von 0,2 µm sicher zu erfassen ist. Dieser Wert lässt sich zunächst nur an polierten Flächen bestimmen. Darüber hinaus sollen die vorgegebenen geometrischen Flächen vollständig und homogen ablatiert sein, da es für den angestrebten Formabtrag wichtig ist, dass einzelne Schichten vollständig bearbeitet werden. Wäre dies nicht der Fall, könnte ein Formverlust durch reduzierte Abtragstiefen die Folge sein. In Abbildung 37 ist dieser Fall als Optimum gekennzeichnet. Ebenfalls sind die Fluenzwerte sowie die zugehörigen logarithmisch aufgetragenen Abtragstiefen zu den (diskreten) eingestrahlten Laserwellenlängen dargestellt, ab denen jeweils für SiO_2 und SF6 nachweisbare Ablation einsetzt. Ausgehend von den applizierten Parameterpaarungen und den zwei Glassorten sind zusätzlich zwölf Aufnahmen abgebildet, die die noch unterhalb der ermittelten Grenzwerte liegenden Ablationsflächen zeigen. Damit soll verdeutlicht werden, dass die Unterscheidung zwischen Modifikation bzw. oberflächlicher Schädigung und den festgelegten Kriterien für deutlichen Abtrag durchaus berechtigt ist. So ergeben sich beispielsweise unvollständig oder unregelmäßig abgetragene Flächen unterhalb der ermittelten Grenzwerte.

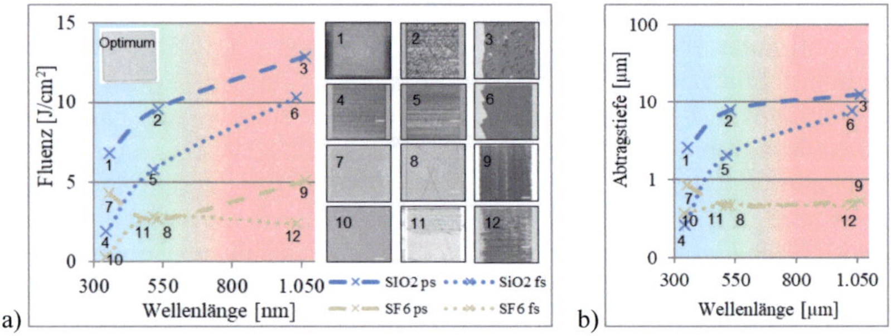

Abbildung 37: Ermittelte Bearbeitungsgrenzwerte. a) Fluenz; b) Abtragstiefe in Abhängigkeit von der eingestrahlten (diskreten) Wellenlängen und typische Fehlerbilder jeweils unterhalb der dargestellten Grenzwerte (N = 2)

Die Werte folgen soweit der Theorie, dass mit sinkender Wellenlänge, folglich steigender Photonenenergie, die Abtragsgrenzen sinken. Für SiO_2 ergeben sich aufgrund der größeren Bandlücke von 11,9 eV auch höhere Grenzwerte. Ebenso steigen die Werte im ps-Regime an, wobei sich für SF6 im UV-ps-Regime eine sichtbare Ausnahme in der Darstellung ergibt. Hier sind bereits Abtragsfelder bei deutlich geringeren Fluenzen zu erkennen, die jedoch nicht durchgängig geschlossen sind und ohne deutlich detektierbaren Abtrag auftreten. Die Grenze ergibt sich erst bei 4,6 J/cm². Durch den steigenden linearen Absorptionsanteil ab ca. 390 nm ist davon auszugehen, dass bereits Strahlung bei geringeren Fluenzen zur sichtbaren Wechselwirkung beiträgt. Bei SiO_2 setzt die Ablation z. T. auch schon bei geringeren Fluenzen ein, die geometrisch definierten Ablationsflächen sind jedoch auch hier noch nicht vollständig abgetragen. Ursache für die unregelmäßig ablaufende Ablation ist das Grenzverhalten zwischen Modifikation und Ablation. Die Intensität/Fluenz reicht nicht aus, um den Ablationsprozess im Puls für Puls Verlauf stabil am Laufen zu halten. Der Prozess wird instabil und defektgetrieben. Das veranschaulichen die Fehlerbilder 5, 8 und 11 in der Abbildung 37 und in der Detailaufnahme für SF6 (Abbildung 38). Hier sind deutlich gerichtete, geradlinig verlaufende Strukturen zu erkennen, die ihre Ursache im vorgelagerten Polierprozess haben. Grobe Poliermittelkörner oder Glaspartikel werden beim mechanischen Polierprozess über die Fläche bewegt und hinterlassen entlang ihrer Bewegungsrichtung zunächst unsichtbare Mikrodefekte (SSD), die hier als Startpunkte für die Ionisation wiederauftauchen und einen noch instabilen Ablationsprozess einleiten.

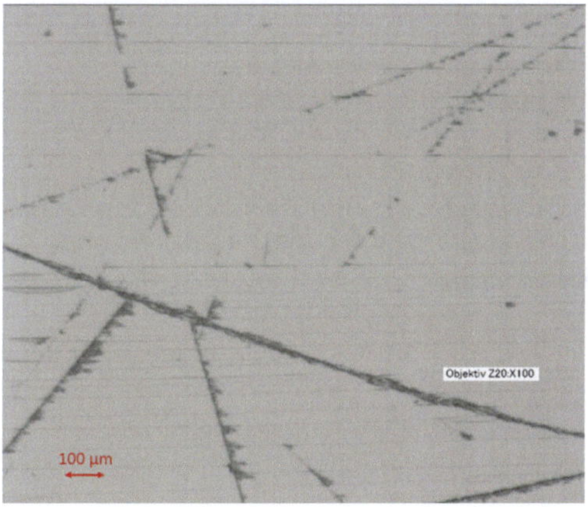

Abbildung 38: Detailaufnahme einer defektgetriebenen, unvollständigen Ablationsfläche in SF6 im IR-ps-Regime bei 4,9 F/cm² unterhalb des Grenzwertes

Das deckt sich mit Gleichung 3, denn an den Defektstellen ist die lokale Reflektivität der Probe verändert, was die Fluenzschwelle sinken lässt. Mit zunehmender Fluenz bzw. Intensität und abnehmender Pulsdauer verschiebt sich das Regime hin zur Multiphotonenionisation. SF6 erfüllt die benannten Kriterien im Vergleich zu SiO_2 bereits bei Fluenzen $\leq$ 5,1 J/cm² und weist bis auf die Ausnahmen im UV-Bereich die geringsten Abtragstiefen auf. Durch die geringere Bandlücke

ist weniger Energie für die Erzeugung freier Elektronen notwendig, um die Ablation zu initiieren. Die Abtragstiefen in SF6 bei VIS- und IR-Bearbeitung sind für das ps- und fs-Regime ähnlich niedrig bei < 1 µm. Damit stehen nun Grenz- bzw. minimale Startwerte für die notwendige Fluenz zur stabilen, flächigen Ablation auf polierten Substraten zur Verfügung.
Die Erkenntnisse zur defektgetriebenen Ablation lassen die Frage aufkommen, ob und, wenn ja, in welcher Qualität die Ablation auf bereits matten Glasflächen (geläppt bzw. geschliffen) abläuft.

6.1.3 Vorbearbeitungszustand – die Konditioniertiefe

Untersucht wird der Einfluss des Vorbearbeitungszustandes auf das Ablationsverhalten in Abhängigkeit von applizierter Wellenlänge und Pulsdauer. Tabelle 8 fasst die Bearbeitungsparameter zusammen.
Die Bearbeitung findet oberhalb der ermittelten Ablationsgrenzen statt. Ziel ist dabei zu ergründen, ab wann ein linearer fortschreitender Abtrag pro Ablationsschicht am Beispiel Quarzglas möglich ist und sich minimale Rauheitswerte einstellen.

Tabelle 8: Bearbeitungsparameter zur Untersuchung des Einflusses des Vorbearbeitungszustandes

Material	SiO_2					
Initiale quadratische Mittenrauheit [µm]	< 0,01; 0,5, 1,5; 2,5					
Überfahrten	1; 5; 20; 40					
Wellenlänge [nm]	1.064	1.030	532	515	355	343
Pulsdauer [ps]	< 10	> 0,35	< 10	> 0,35	< 10	> 0,35
Fokusdurchmesser [µm]	36	15,9	12,7	12,2	19	9,3
Pulsüberdeckung [%]	70					
Scangeschwindigkeit [mm/min]	1.080	480	380	370	570	280
Linienanzahl für Bearbeitungsfeld (3,5 x 3,5) mm^2	165	374	468	487	313	640
Scanstrecke [mm]	577	1.310	1.638	1.707	1.096	2.239
Dauer der Überfahrt [s]	0,53	2,7	4,3	4,6	1,9	8

Quarzglasproben mit vier unterschiedlichen Vorbearbeitungszuständen von poliert bis grob geschliffen werden mit sechs Parameterkombination prozessiert, welche sich aus Verwendung der beiden fs- und ps-Laser und den jeweils drei korrespondieren Wellenlängen ergeben. Die Überfahrtenanzahl variiert dabei von 1x bis 40x.

Die Diagramme in Tabelle 9 zeigen die Entwicklung der Abtragstiefe je Überfahrt über die Anzahl der Überfahrten hinweg für die jeweils vier Vorbearbeitungszustände und die applizierten Parameter Wellenlänge und Pulsdauer. Tabelle 10 zeigt korrespondierend die quadratische mittlere Rauheit R_q und Tabelle 11 den induzierten optischen Gangunterschied als Maß für die eingebrachten Spannungen. Man erkennt sowohl bei der Abtragstiefe als auch bei der Rauheit und dem Gangunterschied einen zumeist fallenden Trend hin zu höherer Überfahrtenanzahl. Vor allem bei den optischen Gangunterschieden zeigen sich im fs-Regime geringere Werte. Die Flächen werden zu Beginn des Prozesses unabhängig vom Vorbearbeitungszustand verändert und nähern sich einem finalen asymptotischen Grenz- bzw. Sättigungswert an, der unabhängig von der Ausgangsbeschaffenheit, jedoch unterschiedlich in Bezug auf die jeweilig applizierten Parameter ist. Für die UV-ps-Bearbeitung ergeben sich beispielsweise Werte von $T_A = 2{,}8$ µm, $R_q = 0{,}4$ µm und SDB < 5 nm/cm. Im Vergleich aller applizierten Parameterkonfigurationen ist festzustellen, dass die Aufrauung und die anschließende Glättung für Proben mit ursprünglich feingeschliffener Oberfläche ($R_q = 0{,}5$) sehr flach ausfällt und auch die Abtragstiefe schnell konstante Werte beibehält. Generell ist die Abtragstiefe pro Überfahrt zu Beginn unregelmäßig hoch und nähert sich mit höherem Abtrag einem konstanten Wert pro Überfahrt an.

Tabelle 9: Abtragstiefe pro Überfahrt für die applizierten Wellenlängen im IR, VIS und UV sowie die Pulsdauern über die Überfahrten für variable Vorbearbeitungszustände (N = 2)

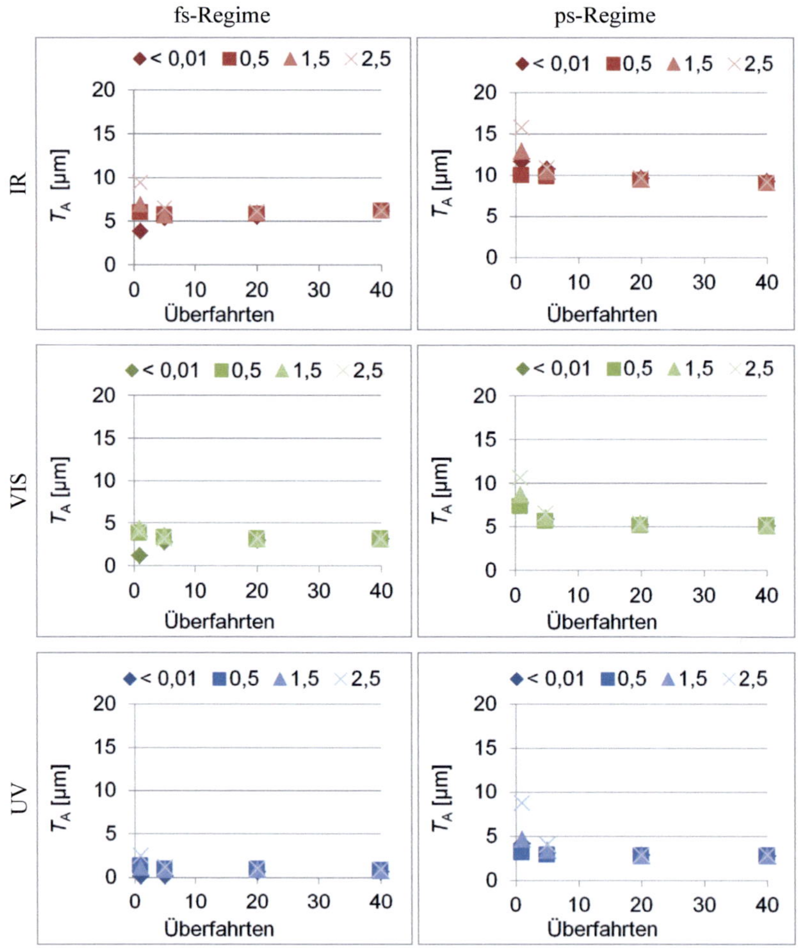

Tabelle 10: Rauheit pro Überfahrt für die applizierten Wellenlängen im IR, VIS und UV sowie die Pulsdauern über die Überfahrten für variable Vorbearbeitungszustände (N = 2)

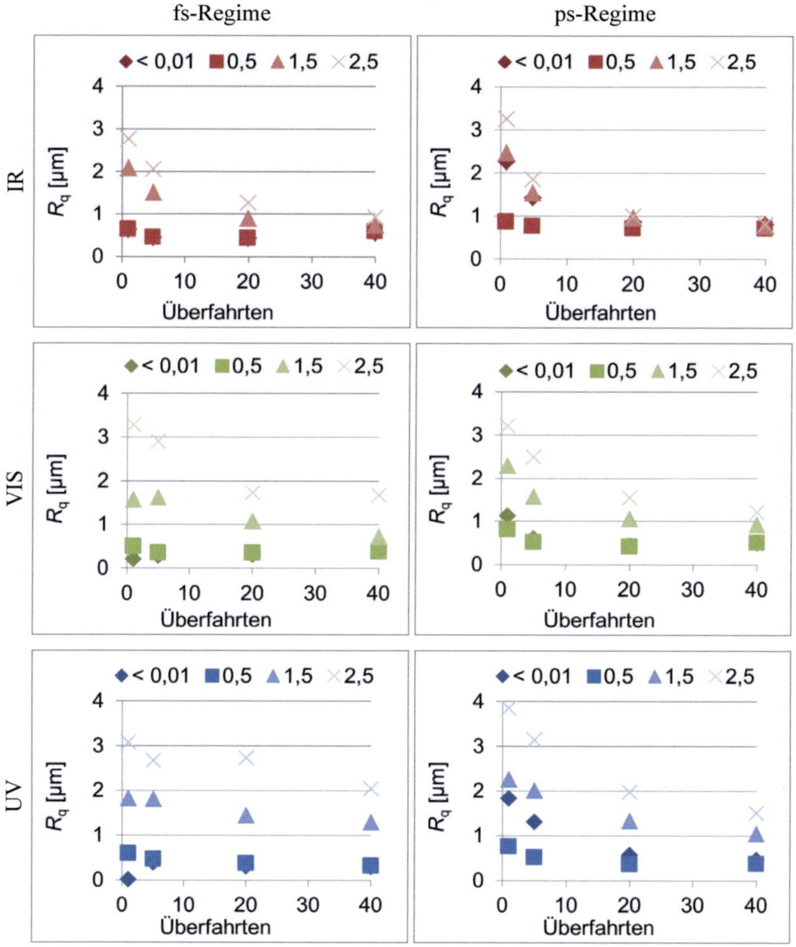

Tabelle 11: Induzierter optischer Gangunterschied für die applizierten Wellenlängen im IR, VIS und UV sowie die Pulsdauern über die Überfahrten für variable Vorbearbeitungszustände (N = 2)

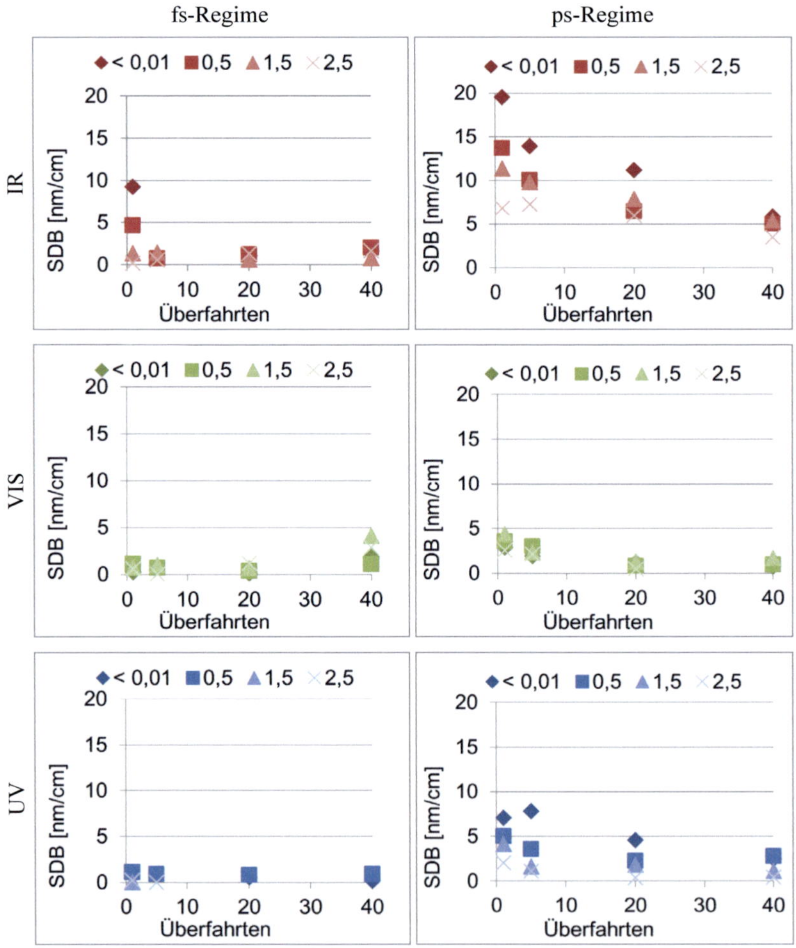

Defekte und Rauheitsspitzen als Quasidefekte weisen lokal niedrigere Ablationsschwellwerte als ungeschädigtes (poliertes) Grundsubstrat auf und begünstigen die lokale Aufrauung der Oberfläche. Bei polierten Grundsubstraten verringern sich so die Ablationsschwellwerte

zunehmend nach den ersten Ablationsschichten. Mit der einsetzenden Ablation entstehen Quasidefekte, die sich während der fortlaufenden Ablation wieder glätten und anfängliche Spannungswerte tendenziell wieder reduzieren. Diese wird aufgrund von Defektakkumulationen und Materialveränderungen, durch Inkubationseffekte und durch das sich umkehrende Verhältnis aus Strahldurchmesser und dem mittleren Defektabstand hervorgerufen.
Für den angestrebten Formgebungsprozess ist es von Interesse zu wissen, ab wann dieses unregelmäßige Ablationsverhalten reduziert auftritt. Um dies beschreiben zu können, werden die Kurvenverläufe für die Zielgrößen mit Steigerung der Überfahrten, wie in Abbildung 39 dargestellt, einer Asymptote genähert.

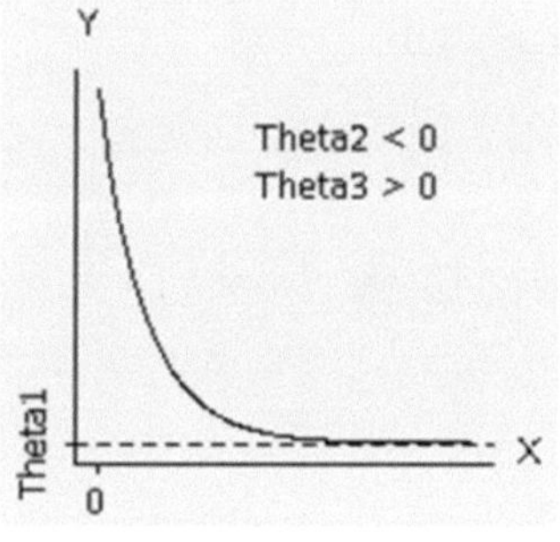

Abbildung 39: Asymptotische Regressionsfunktion nach Minitab 17

Aus dem Wert der angestrebten Asymptote ergeben sich dann der parameterspezifische Sättigungswert der Zielgröße und die dafür notwendigen Überfahrten. Die Ermittlung erfolgt anhand der Messdaten softwarebasiert mithilfe der Datenanalysesoftware Minitab 17. Die zur Anwendung kommende „asymptotische Regression“ vom Typ konvex schreibt sich wie folgt:

$$y = f(x) = \theta_1 \cdot \theta_2 \cdot e^{-\theta_3 \cdot x} \qquad (20)$$

Anstelle der normalen linearen Regression nach der Methode der kleinsten Quadrate wird bei der nicht linearen Regression versucht, ein vorgewähltes Modell mit der Gauß-Newton-Methode den Messdaten zu nähern und die Summe der Quadrate der Residuen (SSE = Sum

of Square Residual Errors) nach [Bat88] zu minimieren. Die Startwerte für die Näherungsrechnung werden für $\theta_1 = 1$; $\theta_2 = -1$ und $\theta_3 = 1$ zunächst frei gewählt und pro Iteration von der Software neu gesetzt, sodass die SSE iterativ minimiert werden. Die maximalen Recheniterationen sind mit 200 und die Toleranz zum Erzielen der Konvergenz auf 0,00001 festgelegt. Es werden keine p-Werte (Signifikanzwerte) berechnet, stattdessen werden Konfidenzintervalle für jeden Parameterschätzwert angegeben, die es ermöglichen auf Grundlage des Fachwissens und des Verständnisses der Modellfunktion zu entscheiden, ob der angegebene Bereich angemessen ist und einen signifikanten Effekt darstellt. Von Interesse ist der Wert für die Asymptote θ_1.
In Tabelle 12 sind die so ermittelten Parameterwerte für die im UV-ps-Regime bearbeiteten Proben und die Zielgrößen Rauheit und Abtragstiefe pro Überfahrt dargestellt.

Tabelle 12: Regressionsrechnungstabelle für θ_1 für das ps-Regime bei 355 nm zu Abtragstiefe pro Überfahrt und Rauheit

	Modell	**KN**	**θ_1**	**−b**	**b**	**I**	**SSE**	**S**	**Obs**
Abtragstiefe pro Überfahrt	0	0,990	**2,74**	2,56	2,92	7	0,04	0,09	8
	0,5	0,950	**2,69**	2,63	2,75	10	0,01	0,04	8
	1,5	0,999	**2,72**	2,41	3,02	5	0,04	0,08	8
	2,5	0,999	**2,83**	2,18	3,46	6	0,17	0,18	8
	0−0,5	0,750	**2,72**	2,60	2,84	10	0,99	0,28	16
	0,5−1,5	0,750	**2,71**	2,51	2,90	8	2,50	0,43	16
	1,5−2,5	0,700	**2,77**	2,32	3,21	11	17,12	1,15	16
	0−1,5	0,920	**2,72**	2,52	2,91	8	2,56	0,35	24
	0,5−2,5	0,600	**2,75**	2,43	3,07	7	34,56	1,28	24
	0−2,5	0,700	**2,75**	2,44	3,05	14	37,70	1,10	32
Rauheit	0	0,900	**0,44**	0,27	0,58	5	0,050	0,10	8
	0,5	0,999	**0,37**	0,35	0,43	5	0,001	0,02	8
	1,5	0,500	**0,89**	0,55	1,07	8	0,190	0,19	8
	2,5	0,850	**1,41**	0,99	1,67	7	0,130	0,16	8
	0−0,5	0,450	**0,41**	0,29	0,51	5	1,870	0,38	16
	0,5−1,5	kein KI							16
	1,5−2,5	kein KI							16
	0−1,5	0,400	**0,61**	0,42	0,73	4	6,37	0,55	24
	0,5−2,5	kein KI							24
	0−2,5	0,300	**0,81**	0,61	0,95	5	22,57	0,88	32

Die Spalte *Modell* steht für die an der Näherungsrechnung beteiligten Proben mit entsprechender Ausgangsrauheit mit 0 für $R_q < 0{,}01$ µm (polierte Proben), 0,5 für $R_q = 0{,}5$ µm (fein geschliffene Proben), 1,5 für $R_q = 1{,}5$ µm (geschliffene Proben) und 2,5 für $R_q = 2{,}5$ µm (grob geschliffene Proben). Des Weiteren sind Kombinationen aus mehreren Probensorten berechnet und geprüft, inwieweit diese zusammenzufassen sind. Mit *KN* wird das Konfidenzniveau in % benannt, für welches ein geschlossenes Konfidenzintervall mit b und $-b$ für die obere und untere Konfidenzintervallgrenze in der jeweiligen Einheit der Zielgröße bestimmt werden konnte. Der Wert θ_1 gibt den asymptotischen Näherungswert laut Gleichung 21 wieder, I entspricht der Anzahl an Recheniterationen, die nötig sind, um die endgültige SSE, also die Summe der Quadrate der Residuen, zu minimieren und die Funktion gegen die Messdaten zu konvergieren. Als Überprüfung der Konvergenz der Funktion müssen die errechneten θ_1-Werte mit den Messwerten abgeglichen werden. S steht für die durchschnittliche Distanz zwischen den angepassten und beobachteten Daten in der Einheit der jeweiligen Zielgröße. Es sei darauf hingewiesen, dass laut Literatur [Seb89], [Rat90] die gebräuchlichen Angaben R^2 und der p-Wert nicht berechnet werden, da diese bei nicht linearen Modellen im Allgemeinen nicht herangezogen werden.
Das Beispiel zeigt, dass der Verlauf der Abtragstiefen pro Überfahrt sehr gut mit einem Modell darstellbar ist. So lassen sich die Einzelmodelle mit mindestens 95-%-Konfidenzniveau bei einer Durchschnittsdistanz von maximal 0,18 µm mit einem θ_1 von 2,69–2,83 µm pro Überfahrt, also dem Sättigungswert der Abtragstiefe pro Überfahrt, beschreiben. Zu 92 % lassen sich die Werte von 0 bis 1,5 zusammenfassend veranschaulichen und zeigen einen Sättigungswert von 2,72 µm mit einer Durchschnittsdistanz $S = 0{,}35$ µm. Der Verlauf der Werte von 0,5 kann mit einem Konfidenzniveau von 99,9 %, einem Sättigungswert von 0,37 µm und einer Durchschnittsdistanz von 0,02 µm ebenfalls sehr gut charakterisiert werden. Eine Zusammenfassung der Messreihen zu einem gesamtheitlichen Ausdruck ist den Zahlen zufolge nicht möglich. Diese Berechnungen können anhand aller Messreihen durchgeführt werden. Aus dem jeweiligen Ausdruck wird ein Wert für die notwendigen Überfahrten errechnet, ab welchem lediglich eine bestimmte prozentuale Abweichung von θ_1 erreicht ist. Diese Abweichung wird auf 10 % festgelegt und entspricht damit ungefähr der minimal detektierbaren Abtragstiefe. Eine Gegenüberstellung der Werte für den Abtrag pro Überfahrt und die Rauheit R_q zeigen Abbildung 40 und Abbil-

dung 41. Zu sehen sind die errechneten θ_1-Werte für die Abtragstiefe sowie die entsprechenden Rauheitswerte in Form von Säulen inklusive ihrer Konfidenzintervallgrenzen bezogen auf das an der Abszisse benannte Konfidenzniveau für unterschiedliche Parameterkonfigurationen, wie z. B fs@UV für das fs-Regime im UV-Wellenlängenbereich. Die Modelldaten beziehen sich entweder auf einzelne Messreihen, die im Vergleich zu anderen Einzelmessreihen den höchsten Wert für das Konfidenzniveau aufweisen, oder sind zusammengefasste Messreihen, so z. B. „0–2,5" für die Zusammenfassung der Messwerte von polierten (0) bis grob geschliffenen (2,5) Proben. Diese sind im Diagramm als Modellbeteiligung $R_{q,ini}$ benannt. Weiterhin sind die notwendigen Überfahrten für das Erreichen von 90 % des Sättigungswertes auf der Sekundärachse mittels kleiner Kreuze aufgetragen.

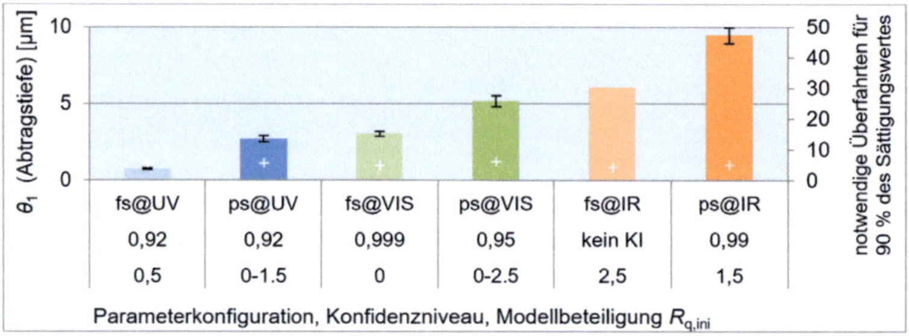

Abbildung 40: Darstellung der modellierten Sättigungswerte der Abtragstiefen für variable Kombinationen aus Pulsdauer und Wellenlänge auf der Primärachse sowie die errechneten Überfahrten zur Erreichung von 90 % des Sättigungswertes

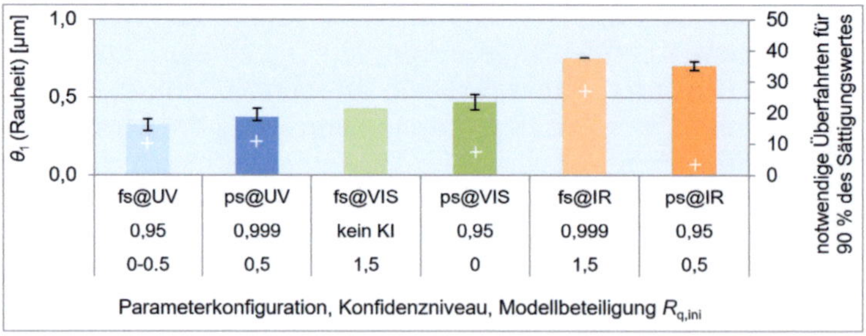

Abbildung 41: Darstellung der modellierten Sättigungswerte der Rauheit für variable Kombinationen aus Pulsdauer und Wellenlänge auf der Primärachse sowie die errechneten Überfahrten zur Erreichung von 90 % des Sättigungswertes

Für die Abtragstiefe und auch die Rauheit ist zu erkennen, dass sich die 90 % des Sättigungswertes bereits nach < 10 Überfahrten einstellen und damit ein Mindestwert für einen notwendigen Konditionierabtrag vor dem Formgebungsprozess für den untersuchten Parameterraum auf diesen Wert festgelegt werden kann. Im Allgemeinen kann anhand der jeweiligen Werte für die Asymptote ein steigender Trend hin zu höheren Wellenlängen sowie längeren Pulsdauern abgelesen werden. Die Abtragstiefen im IR-ps-Regime sind um das Zehnfache höher als im UV-fs-Regime und die Rauheiten sind deutlich unter $R_q = 0{,}5$ µm. Die Bearbeitung im ps-Regime zeigt im Vergleich zum fs-Regime nahezu doppelt so hohe Abtragstiefen, obschon vergleichbare Rauheitswerte zu verzeichnen sind. Die Modellbeteiligung $R_{q,ini}$ ist sehr unterschiedlich, da wie bereits erwähnt lediglich die Ergebnisse mit den höchsten Konfidenzniveaus dargestellt sind. Für die fs-Proben im IR konnte für die Abtragstiefe und im VIS für die Rauheit kein geschlossenes Konfidenzintervall gefunden werden. Für das VIS-ps-Regime zeigt sich eine Unabhängigkeit vom Ausgangszustand, da über alle Proben hinweg ein 95-%-Konfidenzniveau für die Annäherung gefunden wurde.

Die hier applizierten Parameterkonfigurationen sind auf Basis der im Vorhinein bestimmten Grenzwerte gewählt. Abbildung 42 zeigt das aus den Erkenntnissen abgeleitete verallgemeinerte Prinzip der Konditioniertiefe.

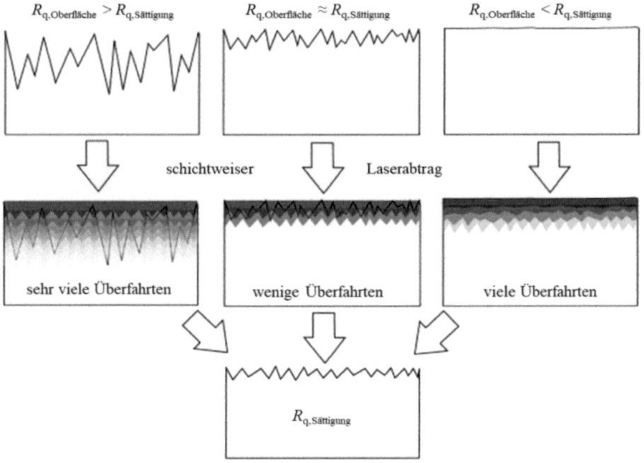

Abbildung 42: Konditioniermodell: Konstante Abtrags- und Rauheitswerte erfordern einen Konditionierschritt. Die notwendige Konditioniertiefe ist abhängig vom Vorbearbeitungszustand der Quarzglasoberflächen und weist ein Minimum auf, wenn die initiale Rauheit ähnliche Werte wie die Sättigungsrauheit aufweist.

Es stellt sich eine Oberflächenstruktur ein, die durch eine abhängige Rauheit charakterisiert ist. Diese ist mit den Bearbeitungsparametern, dem Vorbearbeitungszustand des Quarzglases und der zunehmenden Abtragstiefe bzw. Überfahrtenanzahl verknüpft. Ein Minimum findet sich im UV im ps- und fs-Regime bei einem Vorbearbeitungszustand von $R_q = 0{,}5$ µm.

6.1.4 Einfluss von Fluenz, Pulsdauer, Wellenlänge

Weiterhin ist der Einfluss der Parameter Pulsenergie bzw. Fluenz, Wellenlänge und Pulsdauer auf das mit den Zielgrößen beschriebene glasspezifische Abtragsergebnis nach den Erkenntnissen aus dem Stand der Technik unzureichend abgebildet. Es sollen die nach Tabelle 13 zusammengestellten Parameter auf reines Quarzglas, folglich SiO_2, sowie das Bleiglas SF6 appliziert und die Eignung der Parameter für einen Formgebungsprozess bewertet werden. Beide silikatische Gläser unterscheiden sich nach Tabelle 1 stark in ihren optischen, chemischen und mechanischen Eigenschaften. So sind die Bandlücken (11,9 eV für Quarzglas und 6 eV für SF6), die Transformationstemperatur (1.600°C für Quarzglas und 423°C für SF6) sowie die Zusammensetzung sehr verschieden und lassen starke Unterschiede im Abtragsverhalten erwarten.
Die Ablationsflächen werden nach einem Konditionierschritt von zehn Überfahrten nochmalig mit zwanzig Überfahrten abgetragen. Dabei wird die Scanrichtung pro Überfahrt um 90° gedreht und die Fokusposition fixiert. Der Versuch wird doppelt und randomisiert durchgeführt, sodass pro Glas bis zu 144 Abtragsflächen abgetragen werden.

Tabelle 13: Prozessparameter zur Untersuchung des Einflusses der Pulsenergie, Wellenlänge und Pulsdauer

Material	SiO_2, SF6		
initiale quadratische Mittenrauheit [µm]	< 0.01		
Überfahrten	10 + 20		
Wellenlänge [nm]	1.030/1.064 (IR)	515/532 (VIS)	343/355 (UV)
Pulsdauer [ps]	> 0,35 / < 10		
Pulsenergie [µJ]	< 6 (Werte in 2,5–5-µJ-Schritten)		

Unter Berücksichtigung der in Kap. 6.1.2 ermittelten Bearbeitungsgrenzen für die Glassorten wird im Folgenden beschrieben, welche Qualitäten die ablatierten Glasflächen in Bezug auf die entstehenden Rauheits-, Spannungs-, und Abtragswerte bei zunehmender Fluenz erreichen und die Erkenntnisse im Anschluss diskutiert.

6.1.4.1 Rauheit und induzierter optischer Gangunterschied

Abbildung 43 und Abbildung 44 zeigen die mittleren quadratischen Rauheitswerte der prozessierten Abtragsfelder. Dabei liegen die im fs-Regime ermittelten Rauheiten für SiO_2 alle deutlich unter 1 µm. Es zeigt sich eine gering steigende Tendenz bezüglich der applizierten Wellenlängen von unter 0,5 µm für UV-Bearbeitung zu Werten über 0,5 µm für IR-Bearbeitung. Die Ergebnisse liegen im Bereich der ermittelten Sättigungswerte, auch für höhere Fluenzwerte. Für SF6 liegen die Werte unter 0,5 µm. Es ergibt sich eine gering steigende Tendenz bezüglich der applizierten Wellenlängen von unter 0,2 µm für UV-Bestrahlung zu Werten über 0,4 µm für IR- und VIS-Bestrahlung. Im ps-Regime zeigen sich für SiO_2 deutliche Unterschiede. Während die Ergebnisse bei UV-Bestrahlung ebenfalls bei 0,5 µm liegen, sind die Werte für VIS- und IR-Bestrahlung deutlich höher. Markant ist der Unterschied im VIS. Die Rauheitswerte der ablatierten Flächen nehmen deutlich bis über 1,5 µm zu. Für SF6 unterscheiden sich die Rauheitswerte ebenfalls deutlich. Während die Ergebnisse bei VIS-Bestrahlung und für Fluenzwerte unter 10 J/cm^2 auch für UV-Bestrahlung unter 0,5 µm liegen, sind die Rauheitswerte für IR-Bestrahlung mit über 1,5 µm deutlich erhöht.

a) b)

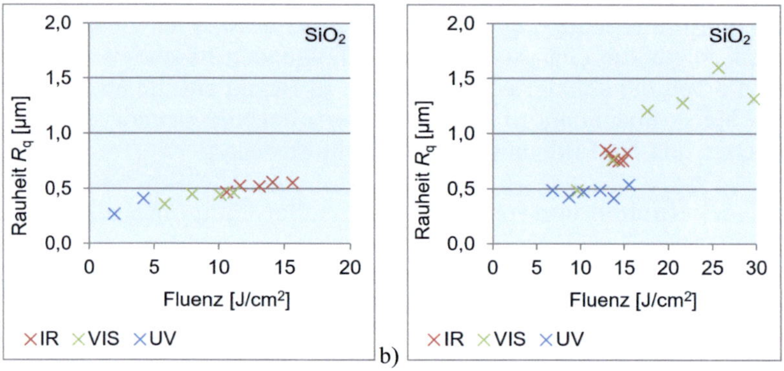

Abbildung 43: Mittlere quadratische Rauheit für die Bearbeitung von Quarzglas. a) fs-Regime; b) ps-Regime (N = 2)

a) b)

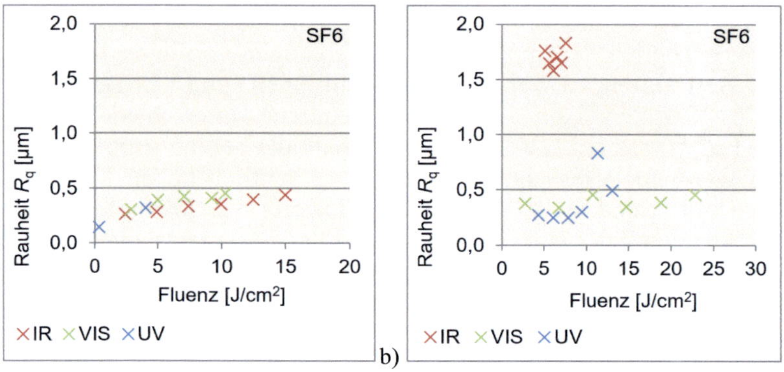

Abbildung 44: Mittlere quadratische Rauheit für die Bearbeitung von SF6. a) fs-Regime; b) ps-Regime (N = 2)

Folgend sind die ermittelten induzierten optischen Gangunterschiede in Abbildung 45 und Abbildung 46 dargestellt. Im fs-Regime ergeben sich für SiO_2 Gangunterschiede von deutlich unter 4 nm/cm. Es sind keine erkennbaren Tendenzen bezüglich steigender Fluenz oder längeren Wellenlängen zu erkennen. Die Gangunterschiede für SF6 liegen noch niedriger bei unter 1 nm/cm. Bis auf die tendenziell mit steigender Fluenz abfallenden Werte für die IR-bestrahlten Proben schwanken die Werte für UV und VIS um ± 0,5 nm/cm und lassen keinen deutlichen Einfluss der Fluenz erkennen. Im ps-Regime liegen die Gangunterschiede für SiO_2 mit Werten unter 8 nm/cm höher als im fs-Regime. Es sind für UV- und VIS-Bestrahlung deutliche Tendenzen hin zu höherer Fluenz zu erkennen. Einhergehend mit dem Rauheitsanstieg fällt vor allem bei VIS-Bestrahlung dieser Anstieg am deutlichsten aus. Die IR-bestrahlten Proben weisen fast ausschließlich Werte über 4 nm/cm auf. Die bearbeiteten SF6-Proben zeigen vergleichsweise geringe Werte unter 2 nm/cm mit einer Schwankung um 0,5–1,5 nm/cm. Ferner lassen sich bis auf die UV-bestrahlten Proben mit den hohen Rauheitswerten keine Tendenzen hin zu höheren Fluenzen erkennen.

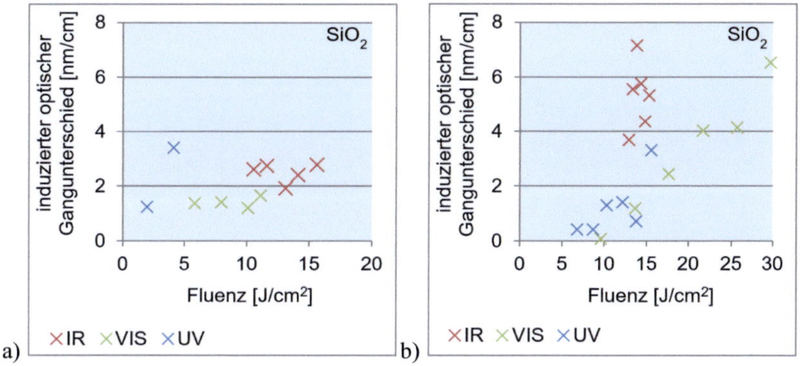

Abbildung 45: Ergebnisse für induzierte optische Gangunterschiede für UV-, VIS-, bzw. IR-Bearbeitung von Quarzglas. a) fs-Regime; b) ps-Regime (N = 2)

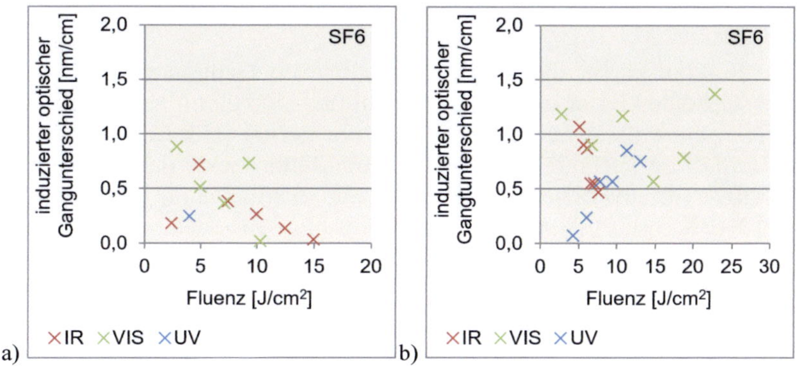

Abbildung 46: Ergebnisse für induzierte optische Gangunterschiede für UV-, VIS-, bzw. IR-Bearbeitung von SF6. a) fs-Regime; b) ps-Regime (N = 2)

Es lässt sich festhalten, dass die Rauheitswerte nahe der Bearbeitungsgrenzen am geringsten ausfallen und bis auf die IR-prozessierten Proben im ps-Regime $\leq 0{,}5\ \mu m$ betragen. Das heißt, die Proben sind generell matt und liefern vergleichbare Rauheitswerte wie ein typischer Feinstschleifprozess [Vog18].
Darüber hinaus lassen sich, unabhängig von der applizierten Wellenlänge, die ermittelten Rauheitswerte im fs-Regime für SF6 und SiO_2 als schmale Boxplots nahe 0,5 µm zusammenfassen (Abbildung 47). Beide Plots sind annähernd symmetrisch und haben kurze Whisker. Der Median für SiO_2 ist höher und die Kerben überlappen leicht, was keinen signifikanten Unterschied zwischen beiden Gläsern ermitteln lässt.

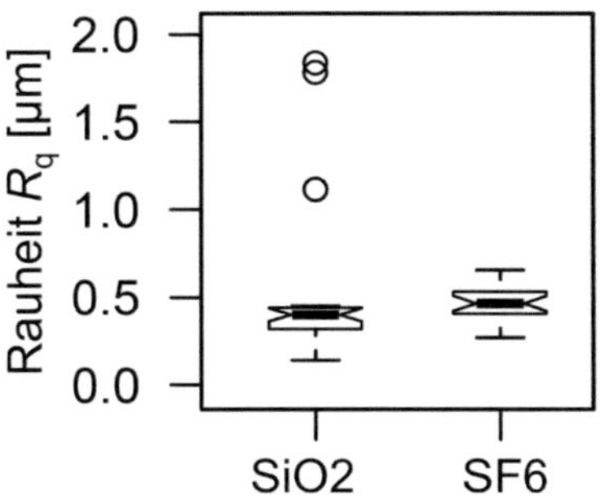

Abbildung 47: Gekerbte Boxplots der quadratischen mittleren Rauheit für mit fs-Laserstrahlung bearbeitete SF6- und Quarzglasproben (Wellenlängen zusammengefasst); Konfidenzintervall 95 %; Mediane/Observationen: SF6: 0,39/22; SiO_2: 0,47/22

Die Ergebnisse für die induzierten optischen Gangunterschiede liegen für beide Gläser unter < 10 nm/cm und sind damit verglichen mit etablierten strahlbasierten Verfahren sehr gering [Hec12]. Zudem erfordern diese Verfahren zusätzliche Feinkühlprozesse und lassen sich lediglich für eine begrenzte Glasauswahl verwenden (z. B. Quarzglas und N-BK7), für Gläser wie SF6 ist dies nicht möglich.
Ferner lassen die Ergebnisse einen Unterschied zwischen ps- und fs-Bearbeitung erkennen. Steht SiO_2 für den nahezu defektfreien, reinen Festkörper, lediglich aus SiO_4-Tetraedern bestehend, so ist SF6 mit Fremdatomen, also Quasidefekten, bestückt, durch welche der Ionisationsprozess früher, jedoch unregelmäßiger in Gang gesetzt wird, was sich in der geringen Bandlücke und den ermittelten Grenzen wider-

spiegelt. Die geringen und annähernd gleichen Rauheits- und Gangunterschiedswerte bei der fs-Bearbeitung für beide Gläser belegen die athermische Wechselwirkung mit vernachlässigbaren Wärmeleitungsanteilen, selbst noch bei Fluenzen deutlich oberhalb der ermittelten Bearbeitungsgrenzen. Denn die hohen Intensitäten im fs-Regime stellen mehr Photonen für den Ionisationsprozess zur Verfügung, sodass der Einfluss von Quasidefekten bei SF6 für die Bereitstellung von Leitungselektronen eine untergeordnete Rolle spielt.
Aus dem Stand der Technik ist bekannt, dass mit zunehmender Pulsdauer der thermische Wechselwirkungsanteil der gaußschen Laserstrahlung zunehmen sollte. Bei den Ergebnissen im ps-Regime wird dies durch höhere Rauheitswerte und Gangunterschiede deutlich, die belegen, dass bereits thermische Einflüsse an Bedeutung gewinnen. Beide Zielgrößen nehmen bei SiO_2 tendenziell höhere Werte an als bei SF6. Die Quasidefekte im SF6 begünstigen den Ionisationsprozess und lassen die Ablation bereits bei geringeren Intensitäten einsetzen. Gleichzeitig bedeutet das jedoch auch eine verringerte Wärmeakkumulation durch geringere Strahlungsverluste, welche sich in kleineren induzierten Gangunterschieden darstellt.
Generell läuft der Ionisationsprozess im ps-Regime bei geringeren Intensitäten als bei der fs-Bearbeitung ab. Der Einfluss von Defekten auf die Ionisation nimmt zu, d. h., freie Elektronen dienen als Seedelektronen für Stoßionisationsprozesse. Bei der Bearbeitung mit der UV-Wellenlänge kann die Bandlücke durch die hohe Photonenenergie bei geringeren Intensitäten überwunden werden, was geringere thermische Wechselwirkungen und dadurch auch glattere Oberflächen zur Folge hat. Bei der Bearbeitung mit der VIS- und IR-Wellenlänge muss die Intensität bzw. Fluenz höher sein, um Valenzelektronen ins Leitungsband zu heben. Daraus folgen höhere Wärmeleitungsanteile und steigende thermische Einflüsse, was sich in höheren Gangunterschieden und raueren Flächen darstellt. Auch hier zeigt sich bei SF6 der Defekteinfluss auf die thermischen Strahlungsanteile, woraus lediglich im IR höhere Rauheitswerte resultieren.
Daraus lässt sich schlussfolgern, dass die Bearbeitungsergebnisse bei steigenden Intensitäten bzw. Fluenzen im fs-Regime ($F_{max} < 15$ J/cm^2) für alle Wellenlängen und beide Gläser und im ps-Regime ($F_{max} < 30$ J/cm^2) lediglich für die UV-Wellenlänge für beide Gläser parameterübergreifend eng beieinander liegende Qualitäten aufweisen.

6.1.4.2 Abtrag pro Überfahrt und Abtragsrate

In Abbildung 48 und Abbildung 49 sind die aus den Gesamtabträgen resultierenden Abtragstiefen pro Überfahrt dargestellt. Sie stellen sich nach dem Erreichen eines Konditionierschrittes für das fs-/ps-Regime für SiO_2 und SF6 ein. Ebenfalls für SiO_2 sind die sich daraus ergebenden Abtragsraten aufgetragen, welche im späteren Verlauf diskutiert werden. Generell bewirkt eine Erhöhung der Fluenz einen glas- bzw. parameterspezifischen Anstieg der Abtragstiefen pro Überfahrt, deren Startpunkt abhängig von der jeweiligen, bereits ermittelten Bearbeitungsgrenze ist.

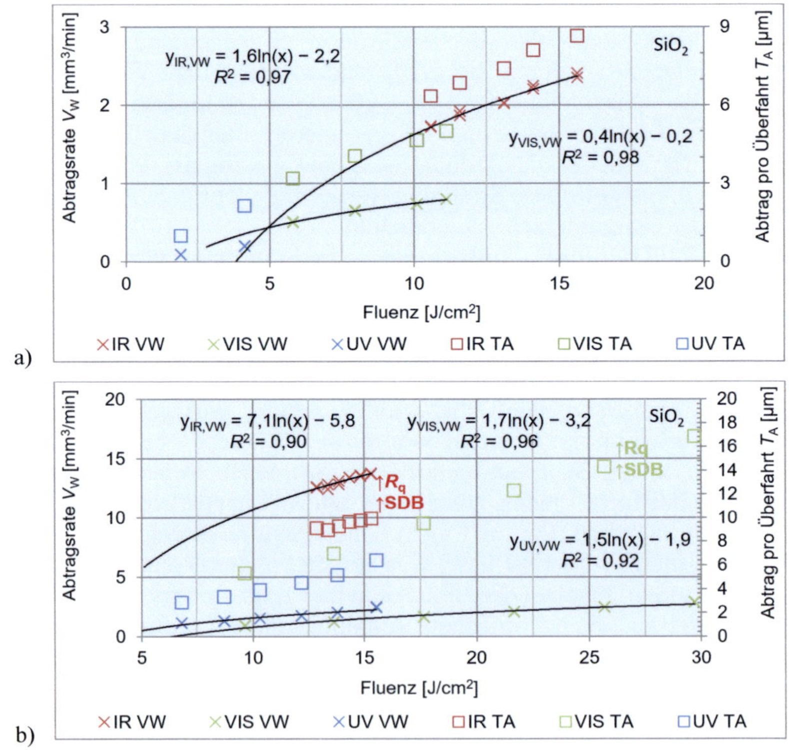

Abbildung 48: Zusammenhang der Abtragsrate sowie des Abtrages pro Überfahrt über die Fluenz für im IR, VIS und UV prozessierte Quarzglasproben. a) fs-Regime; b) ps-Regime

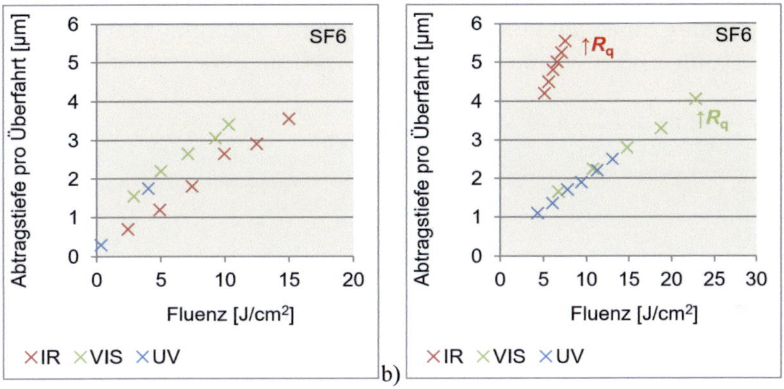

a) b)

Abbildung 49: Ergebnisse für die Abtragstiefe pro Überfahrt über die Fluenz für im IR, VIS und UV prozessierte SF6-Proben. a) fs-Regime; b) ps-Regime

Im fs-Regime liegen die Extrema für SiO_2 bei 1 µm (UV) und 8,6 µm (IR) und für SF6 bei 0,28 µm (UV) und 3,6 µm (IR), wobei die Maxima lediglich von der maximal applizierten Fluenz und damit der Leistung des Lasers abhängen. Es zeigt sich, dass mit höherer Wellenlänge auch höhere Abtragstiefen erreicht werden können. Eine Ausnahme bildet SF6 im IR-Bereich.

Im ps-Regime liegen die Extrema für SiO_2 bei 2,8 µm (UV) und 16,8 µm (VIS) und für SF6 bei 1,1 µm (IR) und 5,5 µm (IR) und sind damit deutlich höher als im fs-Regime. Für SiO_2 geht bei der ps-Bearbeitung mit IR und VIS der vergleichsweise hohe Abtrag mit einer stärkeren Aufrauung der Fläche und der bereits beschriebenen Zunahme an thermischen Einflüssen einher. Hier sind hohe Fluenz- bzw. Intensitätswerte nötig, um den Ablationsprozess in Gang zu setzen, mit dem Nachteil der erhöhten Strahlungsanteile, die in Wärme übergehen. Für SF6 stellt sich das etwas anders dar. Die Abtragstiefen unterscheiden sich zwischen fs- und ps-Regime nur gering. Lediglich die ps-IR-Proben weisen tiefere Strukturen kombiniert mit einer Aufrauung der Ablationsflächen auf.

Ausgehend vom experimentell bestimmten Zusammenhang von Abtragstiefe bzw. Abtragsrate und Fluenz aus Gleichung 5 ist es interessant zu ergründen, inwieweit sich die vorliegenden Abträge nach mehreren Überfahrten auch mithilfe dieses logarithmischen Zusammenhanges beschreiben lassen. Dafür werden die Abtragsraten aus den Abtragstiefen pro Überfahrt und den Bearbeitungszeiten ermittelt und wie in

Abbildung 50 abgebildet aufgetragen. Zunächst ergibt sich ein breites Spektrum an Abtragsraten von unter 1 mm^3/min bis 15 mm^3/min.

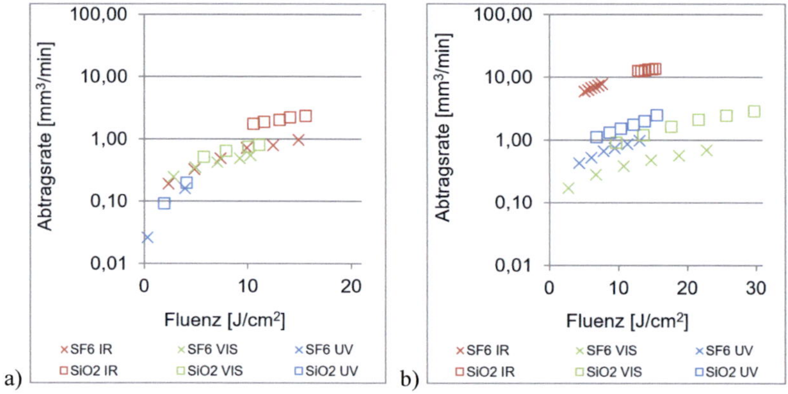

Abbildung 50: Zusammenhang der Abtragsrate in Abhängigkeit von der eingestrahlten Fluenz für im IR, VIS und UV prozessierte SF6 und Quarzglasproben. a) fs-Regime; b) ps-Regime

Neben dem materialspezifischen Verhalten sind die Werte vor allem durch die sechs unterschiedlichen Fokusdurchmesser und die folglich bei fester Pulsüberdeckung variierenden Scangeschwindigkeiten beeinflusst. Um eine materialspezifische Aussage zum fluenzabhängigen Zuwachs der Abtragsrate bezüglich Pulsdauer und Wellenlänge treffen zu können, werden die Messreihen der Abtragsraten mit einer Regressionsrechnung bewertet.

Für die Messwerte lässt sich demnach eine Regressionsrechnung durchführen und prüfen, inwieweit die Ergebnisse der Theorie folgen. Die Anstiege der Regressionsgeraden β_1 sollten sich folglich parameterspezifisch unterscheiden. Für SiO_2 sind die Abtragstiefen und Abtragsraten sowie die Fitkurven in Abbildung 48 dargestellt. Die Werte für β_1 und die Regressionskonstanten β_0, die den Schnittpunkt der Geraden mit der y-Achse bilden, ergeben sich zu

$$V_W = \beta_0 + \beta_1 \cdot \ln(F) \qquad (21)$$

und sind in Tabelle 14 und Tabelle 15 aufgezählt.

Tabelle 14: Zusammenstellung der Regressionparameter für die Abtragsraten für SiO_2

τ_p [ps]	λ [nm]	R^2	Obs	β_1	p	–	+	β_0	p	–	+
0,35	343	–	–	–	–	–	–	–	–	–	–
0,35	515	0,995	8	0,4	< 0,001	0,4	0,5	−0,3	< 0,001	−0,3	−0,2
0,35	1.030	0,977	10	1,7	< 0,001	1,5	1,9	−2,2	< 0,001	−2,8	−1,7
< 10	355	0,925	12	1,5	< 0,001	1,2	1,8	−2,0	< 0,001	−2,7	−1,2
< 10	532	0,962	12	1,8	< 0,001	1,5	2,0	−3,3	< 0,001	−4,0	−2,5
< 10	1064	0,905	12	7,2	< 0,001	5,5	8,8	−5,8	0,013	−10,2	−1,5

Tabelle 15: Zusammenstellung der Regressionparameter für die Abtragsraten für SF6

τ_p [ps]	λ [nm]	R^2	Obs	β_1	p	–	+	β_0	p	–	+
0,35	343	0,996	4	0,05	0,002	0,04	0,06	0,087	0,001	0,0747	0,1
0,35	515	0,980	10	0,22	< 0,001	0,19	0,25	0,008	0,717	−0,041	0,056
0,35	1.030	0,929	12	0,41	< 0,001	0,33	0,49	−0,25	0,008	−0,417	−0,08
< 10	355	0,965	12	0,48	< 0,001	0,42	0,54	−0,32	< 0,001	−0,453	−0,18
< 10	532	0,952	9	0,31	< 0,001	0,25	0,37	−0,33	< 0,001	−0,5	−0,17
< 10	1064	0,993	12	4,45	< 0,001	4,19	4,71	−1,41	< 0,001	−1,887	−0,92

Das Bestimmtheitsmaß R^2 für die einzelnen Messreihen liegt deutlich über 92 % und die p-Werte für β_1-Werte sind < 0,002, was eine sehr gute Konformität mit dem logarithmischen Zusammenhang beweist. Im vorliegenden Wertebereich kann man davon ausgehen, dass ein logarithmischer Zusammenhang besteht. Lediglich für die IR-Proben im ps-Regime liegt das Maß nur bei 90,5 %, da hier die einzelnen Fluenz- und Abtragswerte sehr dicht beieinanderliegen. Für die Ergebnisse im UV-fs-Regime auf Quarzglas wird keine Rechnung durchgeführt, da hier lediglich zwei unterschiedliche Fluenzwerte zur Verfügung stehen. Aus einem allgemeinen logarithmischen Zusammenhang lässt sich bei einer Erhöhung des Numerus um 1 %, also hier der Fluenz, ein Anstieg des Funktionswertes, also der Abtragsrate um $\beta_1/100$ voraussagen. Dieser Zuwachs der Abtragsrate mit erhöhter Fluenz steigt hin zu höheren Wellenlängen und ist im Vergleich zu den Pulsdauern im ps-Regime stets höher. Für die Darstellung der untersuchten Glassorten SF6 und SiO_2 sind die applizierten Werte für die Fluenz ebenfalls logarithmisch transformiert und regressiert. Die Werte für β_1 sind in Abbildung 51 dargestellt.

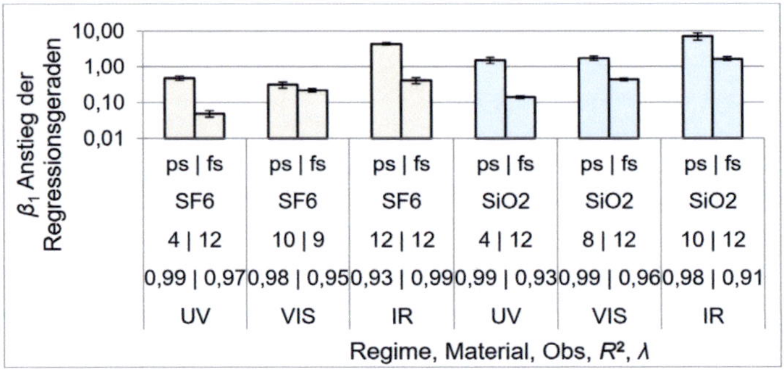

Abbildung 51: Darstellung der Anstiege der Regressionsgeraden aus dem Zusammenhang der Abtragsrate über die Fluenz der Gläser Quarzglas und SF6 nach Bearbeitung.

Betrachtet man zunächst nur den UV- und IR-Wellenlängenbereich, so zeigen sich im ps-Regime fünf- bis zehnfach größere Anstiege als im fs-Regime. Im fs-Regime zeigt sich eine signifikante Steigerung hin zu höheren Wellenlängen für beide Gläser, d. h., ein Zuwachs an Fluenz macht sich zu höherer Wellenlänge hin am größten bemerkbar. Beim Übergang vom UV zum VIS sind die Anstiege drei- bis viermal höher (sensitiver) und im Übergang vom VIS zum IR zwei- bis dreimal so hoch. Vergleicht man die Gläser untereinander, so zeigen sich für die einzelnen Wellenlängenbereiche mit zunehmender Bandlückenenergie höhere Anstiege.
Auf Basis der Ergebnisse kann mit statistischer Sicherheit festgehalten werden, dass zwischen Fluenz und Abtrag für beide Gläser ein parameterspezifischer logarithmischer Zusammenhang besteht, der über die Bearbeitung mit einer Vielzahl von Überfahrten hinweg gilt und zur Vorhersage der Abtragsrate dienen kann. Durch die vorgelagerte Konditionierung findet die athermische Wechselwirkung in einem gesättigten (inkubierten) Bereich statt, in dem nicht lineare Einflüsse auf das Ionisations- und Abtragsverhalten, verursacht durch Inkubationseffekte, abgeklungen sind.

6.1.4.3 Ergebnisdarstellung

Tabelle 16 stellt sowohl die untersuchten Zielgrößen Rauheit, induzierter optischer Gangunterschied und Abtrag pro Überfahrt als auch die erreichten Abtragsraten in vier Spalten für die Gläser vergleichend gegenüber. Es erfolgt eine farbliche Bewertung innerhalb einer Zielgröße über beide Gläser hinweg, wobei für die ersten drei Zielgrößen blaue Felder für ein Minimum und sich der Übergang zu roten Feldern als deutliche Abweichung vom Minimum darstellt. Für diese Zielgrößen gilt das Minimum als Optimum. Für die Abtragsrate gilt konträr das erreichte Maximum als optimal und ist blau gekennzeichnet. Zusätzlich ist die applizierte Fluenz vereinfacht in drei Bereiche aufgeteilt, jeweils links beginnend vom Minimum, über die Mitte zum Maximum des applizierten Wertebereiches.

Tabelle 16: Bewertungsmatrix der untersuchten Zielgrößen mittlere quadratische Rauheit, induzierter optischer Gangunterschied, Abtrag pro Überfahrt sowie der Abtragsraten für die Bearbeitung von SiO_2 und SF6 mit variabler Pulsdauer und Wellenlänge

		Rauheit [µm]			Gangunterschied [nm/cm)			Abtrag pro Überfahrt [µm]			Abtragsrate [mm³/min]		
SiO_2													
fs-Regime	IR	0,5	0,55	0,6	2,6	2,7	2,8	6,3	7,4	8,6	1,7	2,1	2,4
fs-Regime	VIS	0,4	0,45	0,5	1,4	1,4	1,6	3,2	4,2	5	0,5	0,64	0,8
fs-Regime	UV	0,3		0,4	1,2		3,4	1,1		2,1	0,09		0,2
ps-Regime	IR	0,8	0,8	0,8	3,7	7,1	5,3	9,1	9,5	9,9	12,4	13,1	13,8
ps-Regime	VIS	0,5	1,1	1,3	0,1	2,5	6,4	5,3	10	16,8	1,3	2,1	2,9
ps-Regime	UV	0,5	0,5	0,5	0,4	1,8	3,4	2,8	4,3	6,4	1,1	1,84	2,5
SF6													
fs-Regime	IR	0,3	0,35	0,4	0,2	0,3	0,01	0,7	1,9	3,5	0,25	0,7	1
fs-Regime	VIS	0,3	0,4	0,5	0,8	0,4	0,01	1,4	2,7	3,4	0,25	0,4	0,55
fs-Regime	UV	0,1		0,3	0,01		0,02	0,28		1,7	0,02		0,16
ps-Regime	IR	0,3	0,3	0,5	1,1	0,75	0,5	4,2	4,8	5,6	5,8	7,1	8,4
ps-Regime	VIS	0,4	0,4	0,5	1,2	1	1,4	1	2,5	4	0,17	0,4	0,7
ps-Regime	UV	0,3	0,4	0,5	0,01	0,5	0,7	1,1	1,9	2,5	0,43	0,7	1
		min > Fluenz < max			min > Fluenz < max			min > Fluenz < max			min > Fluenz < max		

Aus der zusammenfassenden Darstellung und den vorausgehenden Schlussfolgerungen lassen sich für beide Gläser optimale Parameter ablesen. Die Bearbeitung im UV-Wellenlängenbereich sowohl mit ps- als auch mit fs-Laserpulsen stellt für beide Gläser einen sehr guten Kompromiss zwischen den drei Zielgrößen Rauheit, Gangunterschied und Abtrag pro Überfahrt dar. Insbesondere die letzte Größe ist für einen schichtweisen Abtrag und der gezielten Minimierung des Treppenstufeneffektes von hoher Bedeutung. Beim Vergleich der Pulsdauern liefert die Bearbeitung im ps-Regime für das jeweilige Glas auch im unteren Fluenzbereich bis zu zehnmal höhere Abtragsraten als im fs-Regime. Für die weiteren Untersuchungen wird daher der in Tabelle 16 gekennzeichnete Parametersatz verwendet.

6.1.4.4 Untersuchung zur Schädigungstiefe

Zur Bewertung der Schädigungstiefe werden die mit UV-ps-Laserstrahlung bearbeiteten Glasproben analysiert. Tabelle 17 zeigt Mikroskopbilder im Dunkelfeld der Größe (3,5 x 2,6) mm² der untersuchten Gläser zwischen den iterativen Polierarbeitsgängen für die geringsten Fluenzwerte. Die noch verbliebenen Schädigungen bzw. Mikrorissstrukturen sind in den Bildern rot eingefärbt. Die so ermittelten Schädigungswerte ($SSD_{95\,\%}$) entsprechen dem jeweiligen Wert für den Polierabtrag, ab welchem 95 % der bestrahlten Fläche schädigungsfrei sind.

Tabelle 17: Darstellung der untersuchten Glassorten in unterschiedlichen Polierzuständen für die Analyse der Schädigungstiefe nach Bestrahlung mit ps-Laserpulsen bei 355 nm mit minimaler Fluenz (Bildausschnitt (3,5 x 2,6) mm²)

Glas	$SSD_{95\%}$ [µm]	Polierabtrag [µm]				
SF6	**9**	 2	 4	 5	 7	 8
SiO_2	**17**	 6	 8	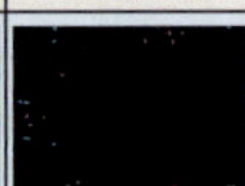 10	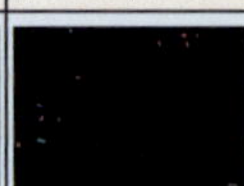 13	 15

Es zeigen sich deutlich unterschiedliche Strukturen beider Glasarten. SF6 weist die geringste Schädigung von 9 µm auf und zeigt eine stark anisotrope lamellenartige Verteilung von Mikrorissen, welche an der Oberfläche zu verlaufen scheinen. Die hier vertikale Ausrichtung ist parallel zur zuletzt applizierten, sich pro Überfahrt um 90° drehenden Scanlinienrichtung. Für SiO_2 ergeben sich bis zu 17 µm tiefe, homogene und weitestgehend isotrop über die anpolierte Fläche verteilte kleine Schäden. Einzelne Spitzen reichen weiter in die Tiefe und erhöhen den Polieraufwand.
Die bisherigen Betrachtungen beziehen sich auf den Fall geringer Fluenz nahe der ermittelten Bearbeitungsgrenzen. Folgend soll in Tabelle 18 betrachtet werden, wie sich die Rissstruktur und die Verteilung für die Proben darstellt, wenn die Fluenz gesteigert wird.

Tabelle 18: Darstellung der untersuchten Glassorten in exemplarischen Polierzuständen für die Analyse der Schädigungstiefe nach Bestrahlung mit ps-Laserpulsen bei 355 nm mit schrittweise gesteigerter Fluenz sowie die Schädigungstiefen nachdem 95 % der bearbeiteten Fläche schädigungsfrei poliert sind (Bildausschnitt (3,5 x 2,6) mm²)

SF6		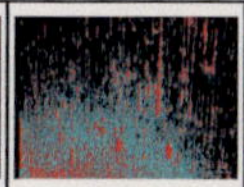		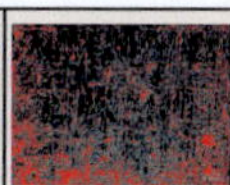		
$SSD_{95\,\%}$ [µm]	9	7	7	13	22	18
F [J/cm²]	4,3	6,0	7,8	9,4	11,3	13
SiO_2	–		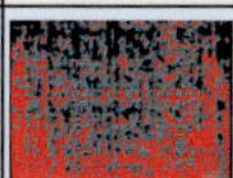	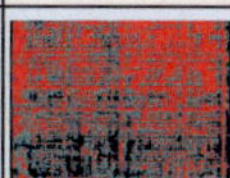	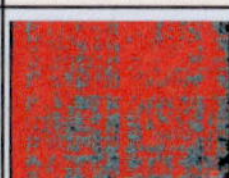	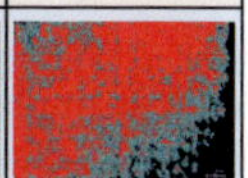
$SSD_{95\,\%}$ [µm]	–	17	11	13	9	8
F [J/cm²]	–	6,8	8,7	10,3	12,2	13,8

Mit zunehmender Fluenz ist für das jeweilige Glas kein deutlicher Unterschied der Mikrorissstruktur zu erkennen, wohl aber eine gegenläufige Tiefe. So verdoppelt sich die SSD für SF6, wohingegen sie sich für SiO_2 halbiert.
Ergänzend ist in Abbildung 52 der mit dem Mikroskop ermittelte auf die Auswertefläche bezogene prozentuale Anteil der verbleibenden

Schädigung über steigendem Polierabtrag für unterschiedliche Fluenzwerte gegenübergestellt.

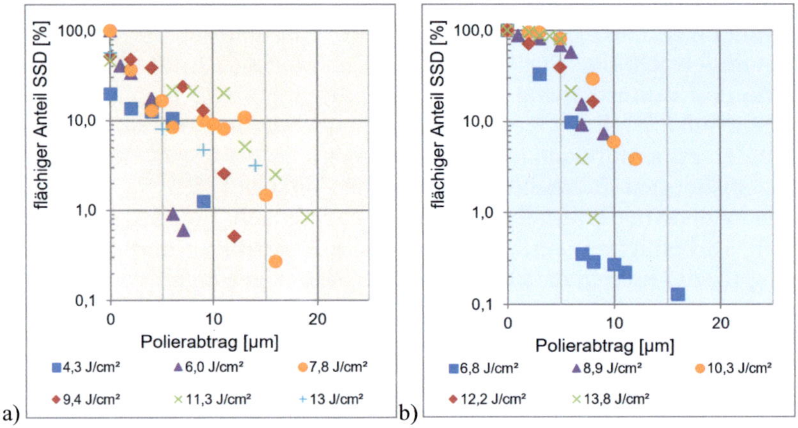

Abbildung 52: Prozentualer Anteil der verbleibenden Schädigungsfläche bei steigendem Polierabtrag für die ps-Bestrahlung unterschiedlicher Fluenzen. a) SF6; b) SiO_2 (N = 1)

Es sind Unterschiede in der Tiefe und dem Abfall des flächigen Anteils zu sehen. SF6 zeigt auch bei erhöhten Fluenzen die benannten lamellenartigen Risse, jedoch überlagert mit einer Art Hintergrundschädigung, welche eine vergleichbare Erscheinung wie die beim Quarzglas annimmt. Beide Strukturen sind bis hin zu hohen Fluenzwerten zu erkennen und reichen bei höherer Fluenz etwa 18 bis 22 µm tief. Bereits ab fünf Mikrometer Polierabtrag sind teilweise nur noch 10 % der Fläche geschädigt, wenngleich die lamellenartigen Risse noch dominieren. Für SiO_2 sinken die gleichmäßig verteilten Schädigungstiefen mit zunehmender Fluenz. Es sind ebenfalls Bearbeitungslinien zu erkennen. Ein Abfall nahezu aller Fluenzwerte auf unter 10 % erfolgt bereits nach 10 µm Polierabtrag.

Die vermehrte oberflächennahe Rissbildung bei SF6 könnte mit der leicht erhöhten Absorption bei der applizierten 355-nm-Laserwellenlänge zusammenhängen. Ein damit verbundener erhöhter Wärmeeintrag lässt sich jedoch aus den ermittelten Gangunterschieden nicht ablesen. Die durch die ablationsbedingten Phasenübergänge entstehenden starken Zug-/ Druckgradienten im Material, gepaart mit der pulsinduzierten Rissentlastung, summieren sich offensichtlich zu oberflächlich verlaufenden Rissen, die mit zunehmender Fluenz tiefer reichen. Durch die eingelagerten Fremdatome im SF6 kann dieses bei niedrigen Fluenzen offensichtlich Spannungen schädigungsärmer aufnehmen. Demgegenüber reduziert sich bei SiO_2 die Tiefe mit zunehmender Fluenz. Eine Korrelation mit anderen Zielgrößen lässt sich nicht ableiten.

6.1.4.5 Übertragbarkeit der optimierten Ergebnisse auf N-BK7

In Abhängigkeit von der gewählten Glasart zeigt sich in der vorstehend diskutierten Bewertungsmatrix in Tabelle 16, dass es Unterschiede in den erreichbaren Zielparametern für die beiden verschieden aufgebauten Netzwerke der Gläser Quarzglas und SF6 gibt. Hinsichtlich der Übertragbarkeit dieser Parameter auf andere Glastypen wird exemplarisch das in der Optiktechnologie am meisten verwendete Glas N-BK7 untersucht. Es werden die optimierten Parameter der beiden Gläser auf das N-BK7-Glas appliziert und bewertet. Die dabei erreichten Zielgrößen, dargestellt in der Tabelle 17, veranschaulichen, dass das N-BK7-Glas sehr ähnliche Abtragseigenschaften und -charakteristiken, im Vergleich zum Quarzglas aufweist.

Tabelle 19: Vergleich der Zielgrößen nach Ablation oberhalb der ermittelten Grenzwerte im Vergleich Quarzglas und N-BK7

	Rauheit R_q [µm]	Optischer Gangunterschied [nm/cm]
SiO_2	0,28	2,9
N-BK7	0,27	5,9

Im Ergebnis kann festgestellt werden, dass sich dieses Bor-Kronglas (mit den Glaseigenschaften Tabelle 1) in den erreichbaren Werten Rauheit und Gangunterschied sehr ähnlich zum untersuchten Quarzglas verhält.

Dennoch veranschaulichen die erzielten Ergebnisse am Beispiel des SF6-Glases, dass es in Abhängigkeit vom Glasnetzwerk bzw. -aufbau zu teilweise unterschiedlichen Abtragsergebnissen kommen kann. Für einen späteren industriellen Einsatz der erzielten wissenschaftlichen Ergebnisse ist es somit erforderlich, für die verschiedenen optischen Gläser einen Anpassungsprozess der Prozessparameter vorzunehmen.

Mit über 150 verfügbaren optischen Gläsern war diese im Rahmen der Untersuchungen nicht Gegenstand der Arbeit.
Die Abtragsergebnisse der drei Glastypen Quarzglas, SF6 und N-BK7 können reproduzierbar für den Formabtrag zum Einsatz kommen. Dies wird in den folgenden Abschnitten vorgestellt.

6.1.5 Erzeugung eines zylindrischen Flächenprofils

Auf Basis der ermittelten Parameter wird die Form einer Zylindermantelfläche in ein Quarzglassubstrat mit 355-nm-ps-Laserstrahlung unter Verwendung der Prozesseinhausung und den optimierten Laser- und Scanparametern abgetragen und messtechnisch bewertet. Die geometrischen Solldaten aus Tabelle 20 werden in 360 Einzelschichten mit jeweils 1,39 µm Abstand voneinander zerlegt. Dieser Abstand und folglich der Wert für die Abtragstiefe pro Überfahrt unterscheidet sich von den bereits beschriebenen minimalen Werten, da diese für die Bearbeitung von initial polierten Substraten erarbeitet sind. Das vorliegende Substrat weist bereits vor der Ablation die Rauheit von R_q = 0,4 µm auf und liegt damit nahe dem dokumentierten Sättigungswert für die untersuchten Parameter. Durch die matte Oberfläche verschiebt sich die Abtragsgrenze hin zu kleineren Fluenzen, wodurch auch kleinere Schichtabstände realisiert werden können. Zur Bestimmung der Schichtabstände werden nach einem Konditionierschritt von zehn Überfahrten nochmals vierzig Überfahrten abgetragen und anschließend die Abtragstiefe bestimmt, woraus sich eine Abtragstiefe pro Überfahrt von 1,39 µm bei einer applizierten Fluenz von 2,7 J/cm^2 ergibt. Weiterhin wird der bereits dokumentierte Konditionierschritt von zehn Überfahrten vor dem formgebenden Ablationsschritt durchgeführt und nach jeweils zwanzig Überfahrten sowohl der Fokus nachgeregelt als auch die emittierte Laserleistung kontrolliert und nachgeregelt.

Tabelle 20: Geometriesolldaten des zylindrischen Flächenprofiles

Formel-beschreibung	$z = f(x,y) = y - \sqrt{y^2 - x^2}$ (22)	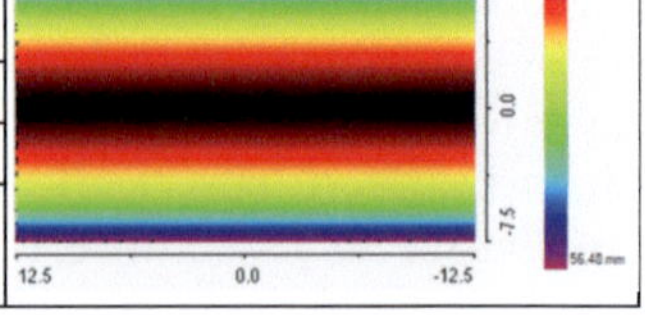
Radius	56,5 mm	
Abtragstiefe	T_A = 500 µm	
Breite x Länge	(15 x 25) mm^2	

Ein Schnitt durch die abgetragene Zylindergeometrie ist in Abbildung 53 dargestellt. Es ergeben sich eine zentrale Abtragstiefe von 498,9 µm sowie ein Best-Fit-Radius von 56,404 mm bei einer Abtragsrate von 1,1 mm³/mm. Das entspricht einem Fehler von 0,22 % bezogen auf den Sollabtrag von 500 µm sowie 0,17 % bezogen auf den Sollradius von 56,5 mm. Die Rauheit quer zur Zylinderachse beläuft sich auf R_q = 0,47 µm und längs im Abtragsgrund auf R_q = 0,28 µm.

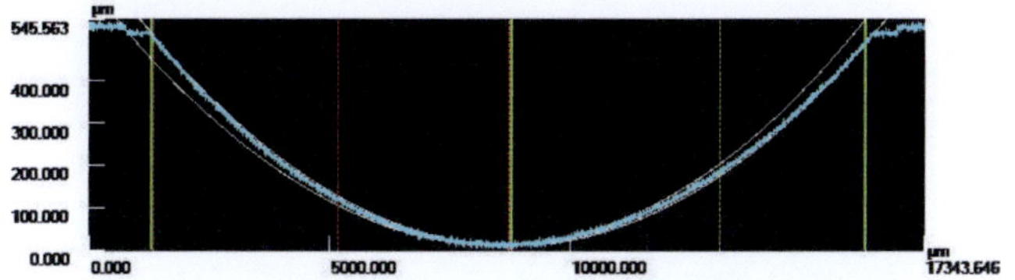

Abbildung 53: Profilmessung zur Bestimmung der Abtragstiefe und des Best-Fit-Radius

Ergänzend dazu zeigt Abbildung 54 die flächigen, entkippten Messdaten sowie den nach Abzug der Solldaten entstehenden Restfehler. Die entstehende Formabweichung ergibt sich zu 30,2 µm Peak-to-Valley (PV-Wert), also einer Abweichung von 6,04 %, sowie 4,3 µm im quadratischen Mittel, was einer Abweichung von 0,9 % entspricht. Es verbleibt eine wellige Reststruktur mit einem PV-Wert von ca. 12 µm und einer halben Wellenlänge von ca. 7 mm.

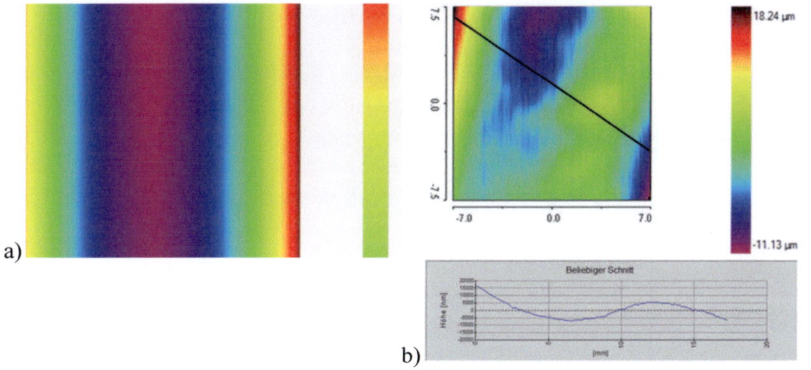

Abbildung 54: Darstellung der auf Verkippung bereinigten Messdaten. a) der nach Abzug der Solldaten entstehende Restfehler; b) ein Profilschnitt

Die gemessenen optischen Gangunterschiede für das gesamte rechteckige Quarzglassubstrat sind in Abbildung 55 dargestellt. Im gesamten Ablationsbereich, innerhalb des hellblauen Bereiches, zeigen sich geringe Werte von deutlich < 10 nm/cm. Der ungeschädigte, matte Bereich links und rechts der Ablationszone zeigt die geringsten Gangunterschiede. Deutlich zu erkennen ist der zur Messbarkeit benötigte Versatz des Konditionierschrittes als Rahmen um die Ablationszone.

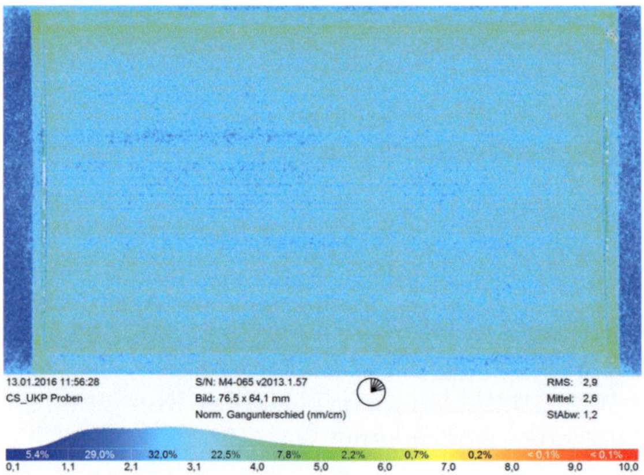

Abbildung 55: Flächige Messdaten zum optischen Gangunterschied nach Laserablation der Zylindergeometrie in Quarzglas

6.1.6 Erzeugung eines Sinus-Kosinus-Flächenprofils

Für die Herstellung einer repräsentativen Freiformgeometrie wird der Prozess auf ein Sinus-Kosinus-Array in N-BK7 angewandt. Die Geometriesolldaten sind in Tabelle 21 dargestellt.

Tabelle 21: Geometriesolldaten des Sinus-Kosinus-Freiformflächenprofiles

Formel-beschreibung	$z = f(x,y) = A\sin(ax)\cdot\cos(ay)$ *(23)*	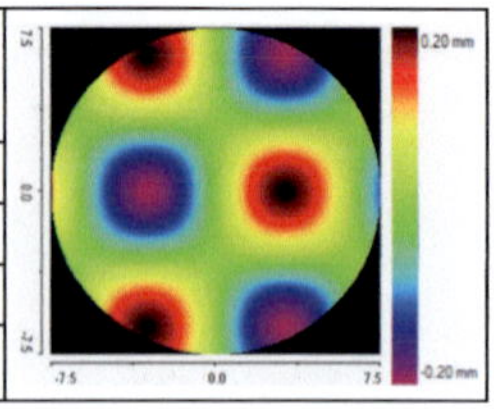
Amplitude	$A = 0{,}2$ mm	
Faktor	$a = 0{,}5$ mm	
Durchmesser	$d = 15$ mm	
lokale Radien	$R_{\text{lokal}} > 20$ mm	

Das Substrat ist, den Angaben zum zylindrischen Flächenprofil folgend, vorbereitet und bearbeitet. Eine Bestrahlung mit $F = 1\ \mathrm{J/cm^2}$ entspricht dabei einer Abtragstiefe pro Überfahrt von 0,68 µm, sodass die Geometrie mit 588 Einzelschichten und einer theoretischen Gesamtabtragstiefe von 399,84 µm prozessiert wird.
Die resultierende Formabweichung bestimmt sich aus der sukzessiven Formentfernung von Polynomen n-ten Grades auf einem Messdurchmesser von 15 mm. Tabelle 27 im Anhang veranschaulicht diese Schritte vom 2. bis zum 12. Polynomgrad. Die rechten Bilder zeigen die berechneten Polynome, also die Form, während die linken Bilder den sich ergebenden Restfehler nach Abzug der Form bestehend aus Welligkeit, Rauheit und Mikrorauheit repräsentieren. Je höher der Grad des Polynoms, desto enger legt sich das Polynom an das Relief der gemessenen Oberfläche und umso komplexer wird die eliminierte Form. Gleichzeitig steigt der entfernte Welligkeitsanteil.

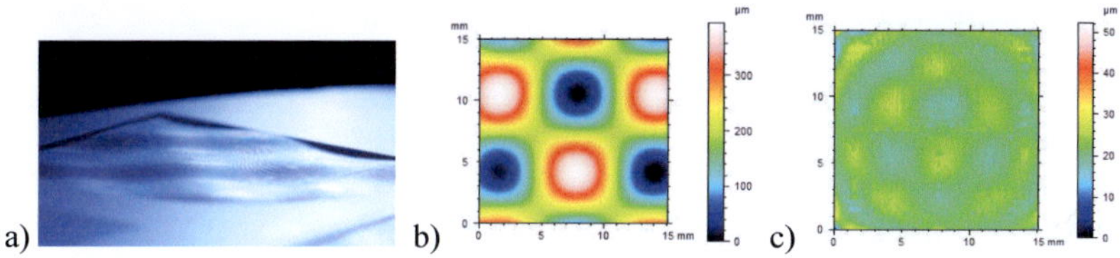

Abbildung 56: Unterschiedliche Darstellungen der Ablationsfläche.
a) als Fotografie mit erkennbaren Einzelschichten;
b) als Approximation der Sollfläche durch ein Polynom 9. Grades;
c) als Restfehler nach Abzug des Polynoms von den Messdaten bestehend aus Welligkeit und Rauheit

Im vorliegenden Fall spiegelt ein Polynom 9. Grades die originale Flächenform am ehesten wider. Die Flächen der Polynomgrade kleiner neun zeigen kreisförmige Abweichungen von der Sollform, Flächen mit Polynomgraden größer neun lassen keine visuelle Verbesserung bei der Annäherung an die ursprüngliche Fläche erkennen. Darüber hinaus ist der Fehler in der Abtragstiefe von 396 µm im Vergleich zu geforderten 400 µm mit einer Abweichung von 1 % am geringsten. Abbildung 56 zeigt dazu die ablatierte Fläche sowie das genäherte und entfernte Polynom, welches wie folgt beschrieben wird:

$$
\begin{aligned}
z = f\left(x,y\right) = {} & -95{,}3 + 0{,}0279x - 4{,}04\mathrm{e}^{-5}x^2 + 1{,}77\mathrm{e}^{-8}x^3 - 2{,}92\mathrm{e}^{-12}x^4 + 2{,}38\mathrm{e}^{-16}x^5 - \\
& 1{,}15\mathrm{e}^{-20}x^6 + 3{,}85\mathrm{e}^{-25}x^7 - 8{,}02\mathrm{e}^{-30}x^8 + 4{,}97\mathrm{e}^{-35}x^9 - 41{,}7y + 0{,}0372yx - \\
& 2{,}12\mathrm{e}^{-5}yx^2 + 5{,}87\mathrm{e}^{-9}yx^3 - 7{,}52\mathrm{e}^{-13}yx^4 + 4{,}49\mathrm{e}^{-17}yx^5 - 1{,}12\mathrm{e}^{-21}yx^6 + \\
& 9{,}07\mathrm{e}^{-27}yx^7 - 1{,}55\mathrm{e}^{-31}yx^8 - 5{,}07y^2 + 0{,}00795y^2x^3 - \mathrm{e}^{-6}y^2x^2 + \\
& 4{,}94\mathrm{e}^{-10}y^2x^3 - 4{,}41\mathrm{e}^{-14}y^2x^4 + 2{,}18\mathrm{e}^{-18}y^2x^5 - 4{,}63\mathrm{e}^{-23}y^2x^6 - \\
& 2{,}01\mathrm{e}^{-29}y^2x^7 - 0{,}55y^3 + 0{,}000588y^3x - 1{,}68\mathrm{e}^{-7}y^3x^2 + 1{,}89\mathrm{e}^{-11}y^3x^3 - \\
& 9{,}7\mathrm{e}^{-16}y^3x^4 + 2{,}87\mathrm{e}^{-20}y^3x^5 - 6{,}24\mathrm{e}^{-25}y^3x^6 - 0{,}0359y^4 + 2{,}12\mathrm{e}^{-5}y^4x - \\
& 4{,}29\mathrm{e}^{-9}y^4x^2 + 3{,}72\mathrm{e}^{-13}y^4x^3 - 1{,}15\mathrm{e}^{-17}y^4x^4 - 3{,}08\mathrm{e}^{-24}y^4x^5 - 0{,}00121y^5 + \\
& 4{,}37\mathrm{e}^{-7}y^5x - 5{,}14\mathrm{e}^{-11}y^5x^2 + 3{,}06\mathrm{e}^{-15}y^5x^3 - 9{,}17\mathrm{e}^{-20}y^5x^4 - 2{,}13\mathrm{e}^{-5}y^6 + \\
& 5{,}46\mathrm{e}^{-9}y^6x - 3{,}21e^{-13}y^6x^2 + 1{,}48\mathrm{e}^{-18}y^6x^3 - 1{,}94\mathrm{e}^{-7}y^7 + 3{,}55e^{-11}y^7x - \\
& 1{,}61\mathrm{e}^{-15}y^7x^2 - 8{,}52\mathrm{e}^{-10}y^8 + 5{,}61\mathrm{e}^{-14}y^8x - 1{,}78\mathrm{e}^{-12}y^9
\end{aligned}
\tag{24}
$$

Der sich nach Abzug des Polynoms ergebende Restfehler, also die jeweilige Abweichung in der z-Höhe des Profils an den Punkten (x, y), ist in Abbildung 57 dargestellt. Daraus ergibt sich eine Abweichung im PV-Wert von 12,8 µm und eine resultierende quadratische Mittenwelligkeit von $W_q = 1{,}79$ µm. Es sind periodische Reststrukturen zu erkennen, die im Diagonal- bzw. Horizontalschnitt quantifizierbar werden. Diagonal liegen die Strukturen im Bereich von $\lambda \approx 4$–5 mm bei einem PV-Wert von rund 9 µm und horizontal im Bereich von $\lambda \approx 7$ mm mit einem PV-Wert von rund 12 µm. Daraus lässt sich die Vermutung ableiten, dass sich im Bereich der Täler durch Akkumulation von Ablationsmaterial ein geringerer Abtrag einstellt als im Bereich der Berge und dass das periodische Sollprofil zu eben diesen periodischen Fehlerstrukturen führt.

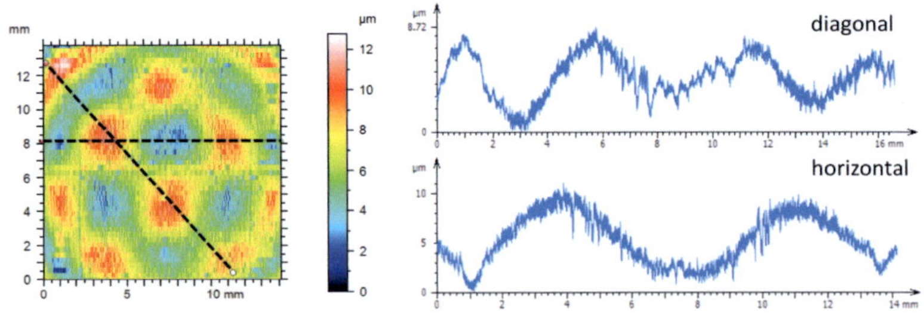

Abbildung 57: Restfehlerprofil mit Diagonal- und Horizontalschnitt

Um dies näher zu betrachten, wird die Abbildung der ursprünglichen Sollform dem Fehlerprofil in Graustufen teiltransparent in Abbildung 58 unterlegt. Die dunklen Bereiche stellen die Täler und die hellen Bereiche innerhalb der grauen Ringe die Berge der Sollfläche dar. Die Berge und Täler des Fehlerprofils finden sich nicht exakt an den Positionen der Extremstellen der Sollfläche, sondern eher in den Bereichen der größten Flächenanstiege sowie im Bereich der Wendepunkte, weswegen die vermehrte Partikelablagerung im Tal als Ursache negiert werden kann.

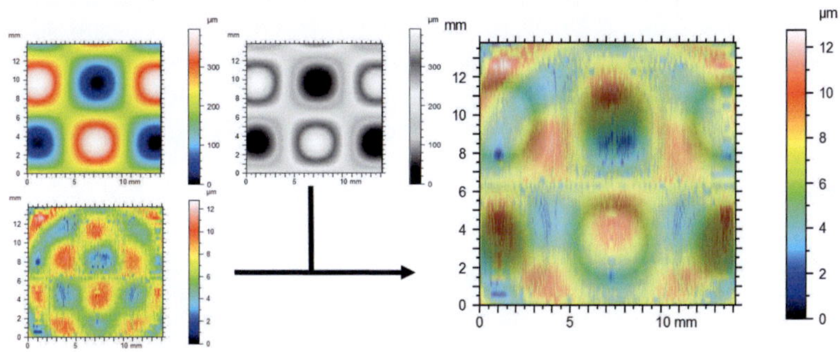

Abbildung 58: Teiltransparente Überlagerung der ursprünglichen Sollform (in Graustufen) mit dem Fehlerprofil

Aufgrund der unregelmäßigen Anordnung der Fehler in Bezug auf die Täler und Berge der Sollfläche lässt sich auch der Einfluss eventueller Luftströmungen, verursacht durch die Luftströmung zur Partikelabfuhr, nicht als Ursache heranziehen.

Es ist nicht auszuschließen, dass Unzulänglichkeiten der Fokussieroptik, wie Tonnen- und Kissenverzeichnung, die zu gekrümmter Abbildung führen, verantwortlich sind. Der Laserstrahl mit seinem Strahlprofil wird im Prozess in die Bearbeitungsebene abgebildet bzw. fokussiert. Durch die Verzeichnung des optischen Systems werden der reale Fokusdurchmesser und das Strahlprofil in Abhängigkeit vom Abstand zum Scanfeldmittelpunkt verzerrt. Da der quantitative Abtragsprozess von konstanten Pulsüberdeckungen und Fluenzwerten abhängt, kann hier ein von der Abbildungsqualität der Fokussieroptik abhängiger Fehler entstehen. Kommerzielle Scansysteme bieten für die Korrektur der fehlerhaften Positionierung des Laserstrahls im Scanfeld Korrekturalgorithmen, mit deren Hilfe der Anwender iterativ die geometrischen Fehler der Spiegelmechanik und eine Verkippung der Scanebene mit Hilfe der Scanfeldkalibrierung kompensieren kann. Eine Kompensation mangelnder Abbildungsleistung kann damit nicht erreicht werden.

Um diesen Mangel zu quantifizieren, werden Einzelpulse innerhalb des Scanfeldes auf einem polierten monokristallinen Siliziumsubtrat zur Wechselwirkung gebracht. In Abbildung 59 sind mikroskopische Messungen der Wechselwirkungszonen in fünf charakteristischen Bereichen zu sehen. Diese lassen Rückschlüsse auf das während der Bestrahlung ortsabhängig wirkende Intensitätsprofil des Lasers ziehen. Es wird ersichtlich, dass sich das Profil hin zu äußeren Bereichen des Scanfeldes zunehmend elliptisch darstellt und die lange Ellipsenachse nahezu doppelt so lang ist wie der Durchmesser der Zone im Scanfeldzentrum. Die Neigung der Ellipsen folgt der Rotationssymmetrie des Verzeichnungsfehlers des Objektivs. Mit zunehmendem Abstand zur Scanfeldmitte ändern sich demnach die Puls- und Spurüberdeckung und folglich auch die Fluenz, was zu einem Gesamtfehler im Abtragsergebnis führt.

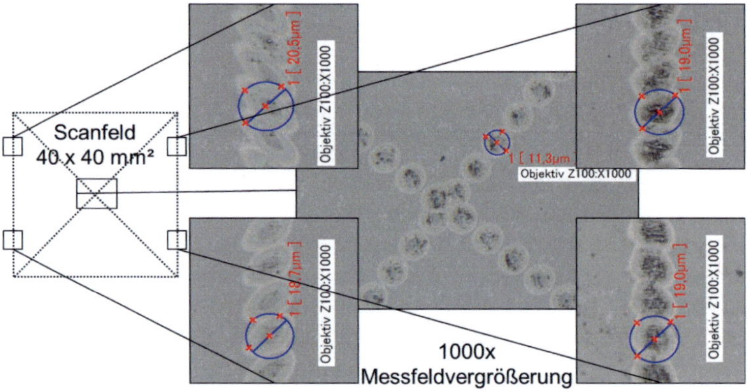

Abbildung 59: Mikroskopbilder der Wechselwirkungszonen in fünf charakteristischen Bereichen

Abbildung 60 zeigt darüber hinaus die gemessenen Abtragstiefen von neun charakteristischen Messpunkten innerhalb eines (40 x 40) mm^2 großen Scanfeldes nach fs- bzw. ps-Bearbeitung im UV-Wellenlängenbereich, jeweils nach erfolgter Scanfeldkorrektur der verwendeten UV-Objektive. Es zeigen sich innerhalb der Scanfelder Unterschiede, die u. a. auf Fehler im optischen System zurückzuführen sind. Diese können durch eine Fehljustage der Strahlführungs- und Ablenkkomponenten entlang des Strahlenganges sowie eine nicht ideale Qualität der Abbildungsoptik verursacht werden.

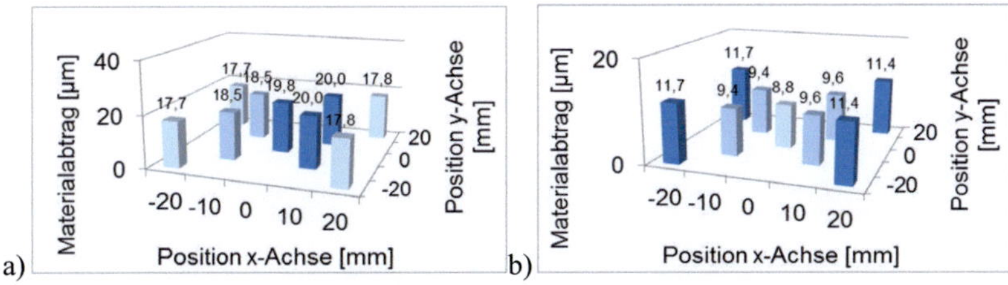

Abbildung 60: Gleichmäßigkeit des Abtrages über das Scanfeld für neun charakteristische Messpunkte. a) ps-Bearbeitung; b) fs-Bearbeitung

So schwanken die Abträge innerhalb des (40-x-40)-mm²-Scanfelds bei der ps-Bearbeitung um 11,5 % (2,3 µm) und um 24,8 % (2,7 µm) bei der fs-Bearbeitung. Der Fehler kann mit Nutzung eines (20-x-20)-mm²-Scanfeldes auf 7,5 % (1,5 µm) nach ps- bzw. 8,3 % (0,8 µm) nach fs-Bearbeitung reduziert werden.

Die Rauheitswerte über die Freiformfläche hinweg variieren von R_q = 0,27 – 0,37 µm für die Extremwerte der Fläche und bis zu R_q = 0,59 µm für den Bereich des höchsten Flächenanstieges wie in Abbildung 61 dargestellt.

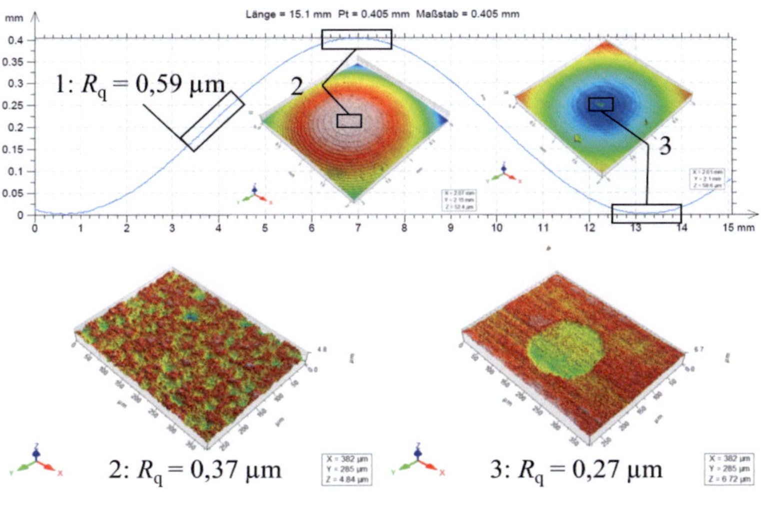

Abbildung 61: Ortsvariable Rauheitswerte für die Flächenextrema

Zur flächigen Bewertung des induzierten optischen Gangunterschiedes werden die Polarimetermessdaten in Abbildung 62 dargestellt. Es ist deutlich zu erkennen, dass die höchsten Werte bis < 49 nm/cm an der Randzone entstehen, während in der Ablationszone Werte von deutlich < 10 nm/cm registriert werden.

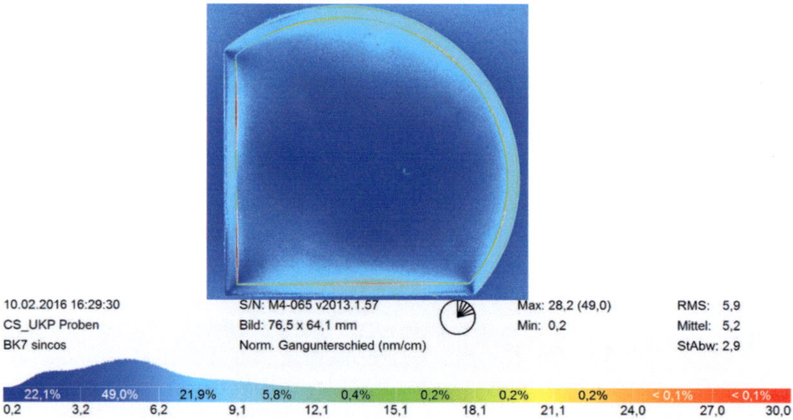

Abbildung 62: Darstellung des induzierten optischen Gangunterschiedes

6.1.7 Zusammenfassung der Ergebnisse zum 2,5D-Formabtrag optischer Bauelemente

Eine mit 360 Überfahrten abgetragene Zylindergeometrie konnte mit einem Fehler von unter 1 % in Bezug auf den Sollabtrag von 500 µm und einen Radius von 56,5 mm in Quarzglas prozessiert werden (Abbildung 63). Die dabei entstehende matte Oberfläche mit einer Rauheit R_q < 0,5 µm entspricht mit einer 6-%-Abweichung von bis zu PV = 30 µm genau der Zylindermantelfläche und weist eine wellige Reststruktur von bis zu 12 µm Amplitude und 14 mm Wellenlänge sowie induzierten optischen Gangunterschieden von < 10 nm/cm auf. Als eine weitere, für potenzielle Zielgeometrien wie flache Freiformen und Asphären im einstelligen Millimeterbereich mit lokalen Radien < 20 mm, repräsentative Geometrie konnte ein Sinus-Kosinus-Array mit Amplituden von 200 µm mit 588 Schichten prozessiert werden. Der entstandene Fehler zur Solltiefe lag bei unter 1 % und die Abweichung vom best-genäherten Polynom bei 12,8 µm. Dabei

weist die matte Oberfläche eine Rauheit von $R_q < 0{,}5$ µm, eine wellige Reststruktur von PV ≈ 9–12 µm bei einer Wellenlänge von 4–5 mm sowie einen induzierten optischen Gangunterschied von < 10 nm/cm in der Ablationszone auf.
Beim Schleifen wird durch die Wahl der Werkzeug- und Bearbeitungsparameter mit feiner werdendem Abtrag auch die Schädigungszone schrittweise bis auf Werte < 20 µm reduziert. Mittels UKP-Laserablation sind Schädigungstiefen von unter 10 µm realisierbar, womit sich in den Folgeprozessen die nötigen Abträge zur zonalen Durchpolitur und die damit verbundenen Fehlerstrukturen reduzieren. Diese Technologie hat das Potenzial, den kompletten Schleifarbeitsgang ausgehend vom planen vorgeschliffenen Grundsubstrat zu ersetzen und zwar für schwach gekrümmte Freiformflächen und Asphären, bei denen aufgrund von Materialeigenschaften, geometrischen Besonderheiten wie komplexe Strukturen und kleine lokale (Hohl-) Radien oder Bauteilabmessungen im einstelligen Millimeterbereich klassische Schleifprozesse versagen. Die Zylinderfläche sowie das Sinus-Kosinus-Array stehen dabei in Amplitude, Struktur und freier Öffnung repräsentativ für aktuelle, wellenfrontformende Freiformoptiken, Asphären und Linsenarrays im mm-Bereich.

a) b) c)

Abbildung 63: Repräsentative, abgetragene Demonstratorgeometrien. a) zylindrisches Flächenprofil in Quarzglas; b) Sinus-Kosinus-Flächenprofil in N-BK7; c) asphärisches Flächenprofil in Quarzglas

6.2 Untersuchungen zum Abtrag mit Scanprofil

Als alternatives, von den Versuchen zum schichtweisen Abtrag entkoppeltes Verfahren soll die Formgebung auf Basis einer lateral weg-zeit-gesteuerten Verschiebung eines vom Galvanometerscanner kontinuierlich erzeugten, ortsinvarianten, ausgedehnten Scanprofiles relativ zur Bauteiloberfläche mittels Achssystem wie in Abbildung 16 b dargestellt erfolgen. Dieses Prinzip ist in Kombination mit dem Ultrakurzpulslaser neu und unbekannt. Im Folgenden sollen dafür mit experimentellen Untersuchungen vornehmlich die technischen Grundlagen zur Bearbeitung mittels Scanprofil erarbeitet werden.

6.2.1 Erzeugung der Scanprofile

6.2.1.1 Auswahl der Scanprofile

Als abtragendes Werkzeug werden rechteckige und kreisförmige Geometriekonturen oder Spiralkonturen gewählt, wie sie in Abbildung 64 dargestellt sind.

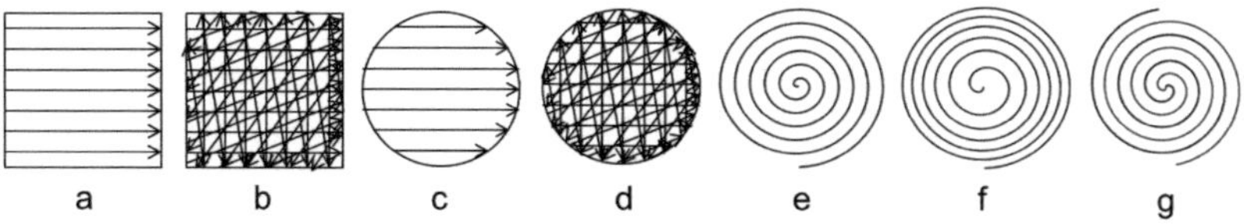

Abbildung 64: Scanprofile. a) rechteckig einheitlich und b) stochastisch; c) kreisrund einheitlich und d) stochastisch; e) spiralförmig gleichmäßig, f) logarithmisch und g) doppelt

Die Geometrien der Scanprofile werden in einem CAD-Programm einheitlich oder stochastisch schraffiert und als dxf-file abgelegt. Der Scanner arbeitet die Profile kontinuierlich in einer Schleife ab. Durch die vielen Start-Stop-Punkte werden eine Vielzahl von Sprungintervallen zur Positionierung der Galvanometerspiegel sowie eine hohe Anzahl an Laser-Ein- und -Ausschaltvorgängen notwendig. Weiterhin ergibt sich auch bei stochastisch variierendem Schraffurwinkel für das jeweilige Schraffurbild eine konkrete Bearbeitungs- bzw. Vorzugsrichtung.

Demgegenüber können spiralförmig verlaufende Scanprofile mit weniger Start-Stop-Punkten mit einer in sich gewundenen Spirallinie gescannt werden und weisen zudem keine Vorzugsrichtung auf. Gleichmäßig verlaufende Spiralen garantieren eine konstante Spurüberdeckung, die jedoch bei konstanter Pulsüberdeckung zum Spiralzentrum hin zunehmend mehr Pulse pro Flächeneinheit auftreffen lässt. Weiterhin können Spiralen logarithmisch und auch doppelt gescannt werden, wodurch sich die Spurüberdeckung zum Zentrum hin einstellen lässt und so die erhöhte Pulsdichte ausgleichen kann.

6.2.1.2 Erzeugung von Scanprofilen

Die Programmierung der spiralförmigen Scanprofile erfolgt mit Hilfe des Vektorprogramms *Inkscape* mit der Spiralfunktion. Dazu werden der Spiraldurchmesser, die Anzahl der Windungen, der innere Radius sowie ein logarithmischer Parameter l angegeben. Ist dieser Faktor $l = 1$, entsteht eine gleichmäßige Spirale, bei $l > 1$ nimmt die Spurüberdeckung zum Spiralzentrum ab, bei $l < 1$ nimmt sie zu. Die Anzahl der Windungen W hängt vom gewählten Spiraldurchmesser D und der gewählten Spurüberdeckung $SÜ$ wie folgt ab:

$$W = \frac{D \pm SÜ}{2 \cdot SÜ} \quad (25)$$

Die so erstellten gleichmäßigen und logarithmischen Spiralen werden als dxf-file exportiert und in einem CAD-Programm auf Konsistenz geprüft. Für die positionsgetreue Abarbeitung der vorgegebenen Scanvektoren ist die korrekte Wahl von Polygondelay, Laser-On- und -Offdelay sowie einer maximalen Geschwindigkeit notwendig. Abbildung 65 zeigt exemplarisch den Fall für ungünstig gewählte Parameter. Zur Visualisierung sind die Spiralbahnen mit angepasster Pulsfolgefrequenz in einem polierten Siliziumsubtrat abgetragen worden. Zu Beginn und Ende einer Spirale müssen die Galvanometerspiegel beschleunigt werden. Zur Synchronisation des Lasers mit den Spiegeln müssen Laser-On- bzw. -Offdelay angepasst werden. Sind diese falsch gewählt, führt das zu erhöhter Pulsdichte am Spiralanfang bzw. -ende. Die Spiralbahnen werden vom Scansystem als einzelne Vektoren bzw. Kreisbahnen interpretiert und hintereinander abgefahren. Ein Polygondelay größer null erzeugt Beschleunigungsphasen und damit Pulsdichteänderungen vor und nach jedem Scanvektor und damit ungleichmäßig ablatierte Bahnen. Um die gewünschte Pulsüberdeckung über die Bahnen konstant zu halten, muss der Wert null sein. Für ein konstantes Abtragsverhalten der Scanprofile müssen Spur- und Pulsüberdeckung konstant sein. Ist jedoch die Scangeschwindigkeit zu groß, kann die gewünschte Spurüberdeckung zum Spiralzentrum hin nicht mehr realisiert werden und die Spiralbahnen weichen von ihren Sollpositionen ab.

a)

b)

c)

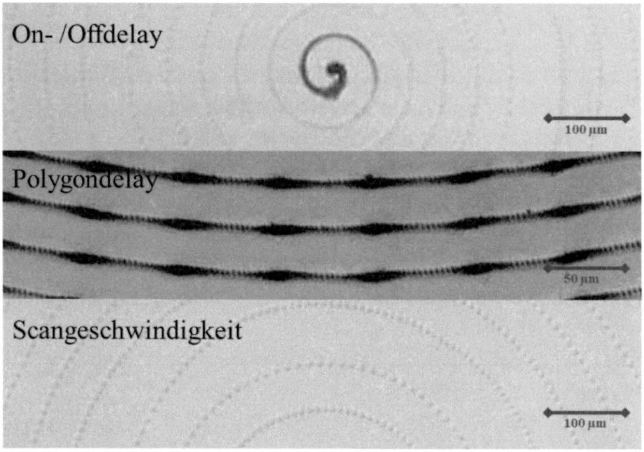

Abbildung 65: Positionsverluste bei Abarbeitung vorgegebener Scanvektoren durch ungünstig gewählte Parameter. a) für Laser-On- und Offdelay; b) für Polygondelay; c) für Scangeschwindigkeit

6.2.1.3 Einfluss der Scangeschwindigkeit auf das Scanprofil

Zur Bestimmung der Scangeschwindigkeit für einen homogenen Abtrag innerhalb der Scanprofile ohne Verzug der gescannten Bahnen sind spiralförmige Scanprofile mit einer Spurüberdeckung von 8 µm in polierte N-BK7 Substrate mit variierten Geschwindigkeiten bei einer Pulsfolgefrequenz von 200 kHz bei 8 µJ in fünfmaliger Wiederholung abgetragen und in
Tabelle 22 zusammengestellt. Bei Geschwindigkeiten unterhalb 600 mm/s bildet sich eine homogene Ablationszone aus. Oberhalb 600 mm/s zeigt sich das Spiralzentrum zunehmend unbearbeitet. Mit erhöhter Geschwindigkeit führen die Positionsverluste zu regelmäßigen Fehlerstrukturen, da die Sollgeschwindigkeit im zentrumsnahen Bereich nicht erreicht wird. Dabei sammeln sich während der Bearbeitung mit größer werdendem Radius zunehmend Debris (Ablationspartikel) auf der Oberfläche, welche den Abtragsprozess behindern. In regelmäßigen Abständen wird der sich bildende Wall durchbrochen und die Ablation beginnt auf dem Grund des Substrates erneut. Für die weiteren Untersuchungen wird die optimale ermittelte Scangeschwindigkeit von 600 mm/s beibehalten.

Tabelle 22: Einfluss der Scangeschwindigkeit auf das Abtragsbild eines spiralförmigen Scanprofils

Scangeschwindigkeit v_s [mm/s]		
100	200	600
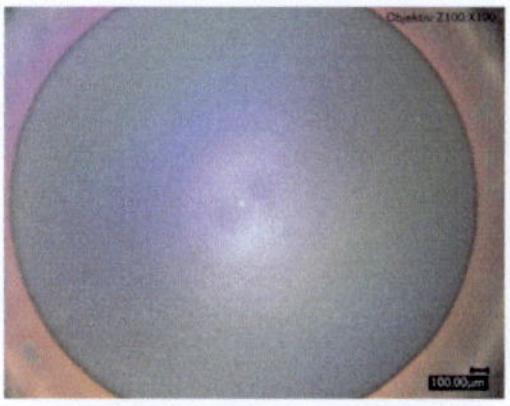	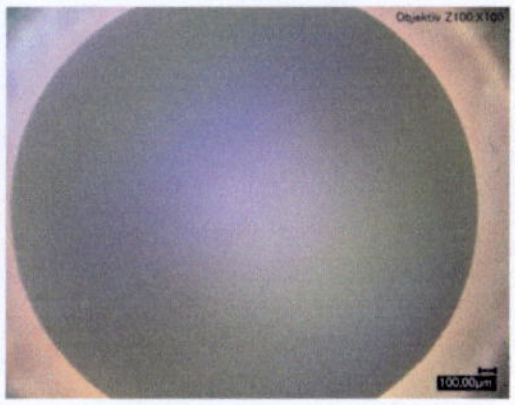	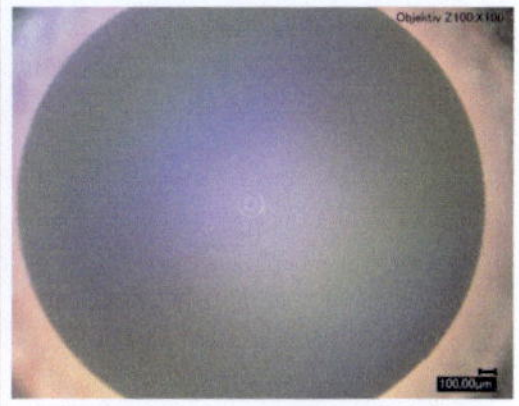
900	1.200	1.500
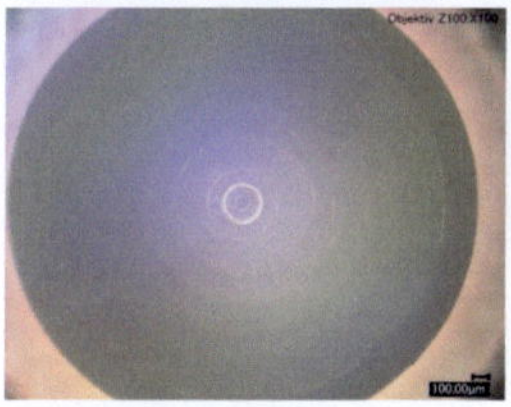	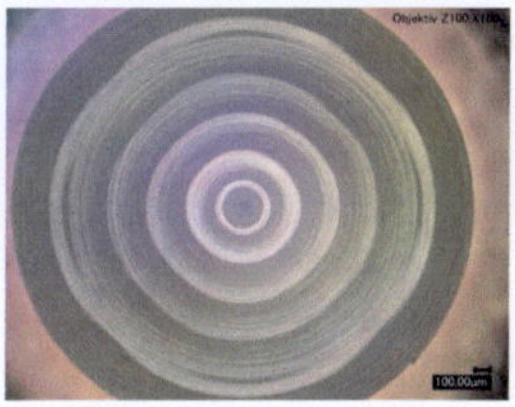	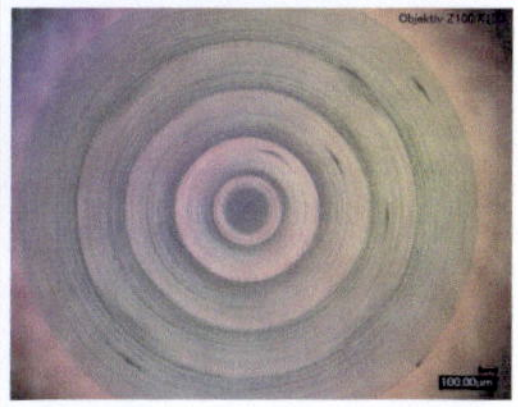

6.2.1.4 Einfluss der Spiralart, der Spurüberdeckung und der Fluenz

Um Parameterkombinationen zu ermitteln, bei denen ein gleichmäßiger Scanprofilabtrag bei gleichzeitig geringer Rauheit entsteht, werden die Spiralart, die Spurüberdeckung sowie die Fluenz variiert und in fünfmaliger Wiederholung unter stehender Atmosphäre randomisiert ablatiert.

Tabelle 23: Abtragsbild zu spiralförmigen Scanprofilen in Abhängigkeit von Fluenz, Spiralart und Spurüberdeckung

	F [J/cm²] @ d_f = 25 µm	1	2	3,5
f_R = 200 kHz; v_{scan} = 600 mm/s	$SÜ$ = 5 µm Spiralart doppelt	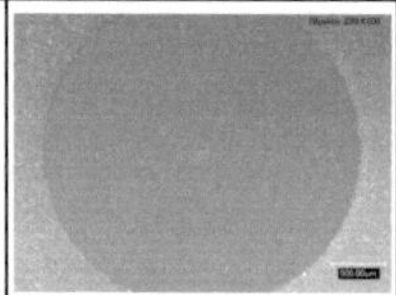	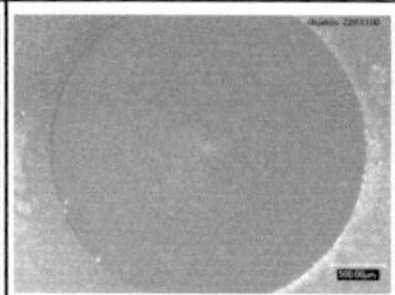	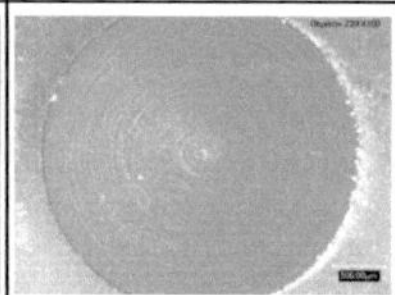
	Spiralart	einfach	doppelt	logarithmisch (l = 0,9)
	$SÜ$ = 5 µm F = 2 J/cm²	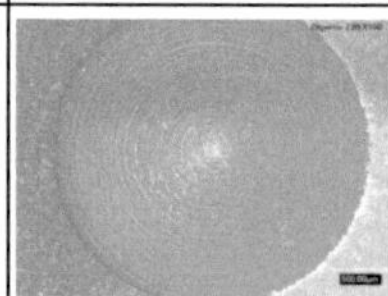	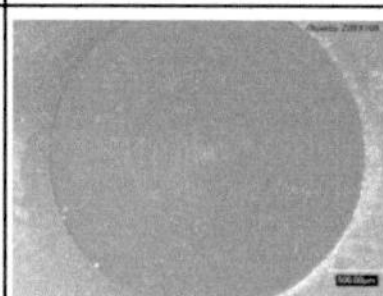	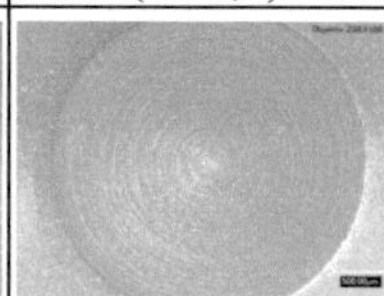
	Spurüberdeckung [µm]	5	8	12
	F = 2 J/cm² Spiralart doppelt	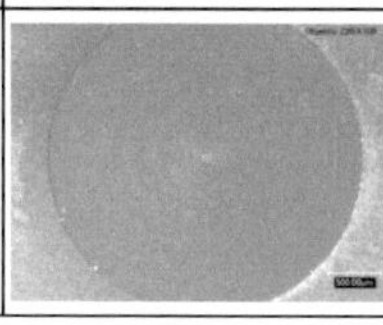	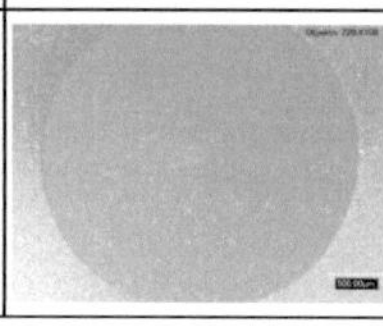	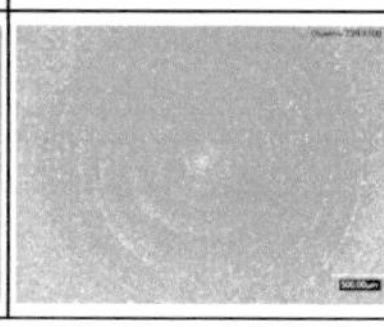

Die Aufnahmen in Tabelle 23 zeigen, wie sich Fluenz, Spiralart und die Spurüberdeckung auf das visuelle Abtragsergebnis auswirken. Mit zunehmender Fluenz steigt die Ablagerung von Partikeln, die sich gehäuft im Spiralzentrum wiederfinden. Die doppelt ausgeführte Spiralart zeigt ein sehr homogenes Abtragsbild bei geringem Partikelaufwurf, ebenso für die Spurüberdeckung von 8 µm bzw. 70 %. Bei kleinerem Abstand der Windungen entstehen Partikelaufwürfe am Abtragsgrund und bei größeren Abständen entstehen Rillen, da das Material zwischen den Windungen weniger stark ablatiert wird. Zusätzlich entsteht bei der Spurüberdeckung von 5 µm bzw. 12 µm wie aus der Profilmessung in Abbildung 66 ersichtlich im Spiralzentrum eine Vertiefung bzw. eine Erhöhung. Dies kann mit der Spurüberdeckung von 8 µm vermieden werden.

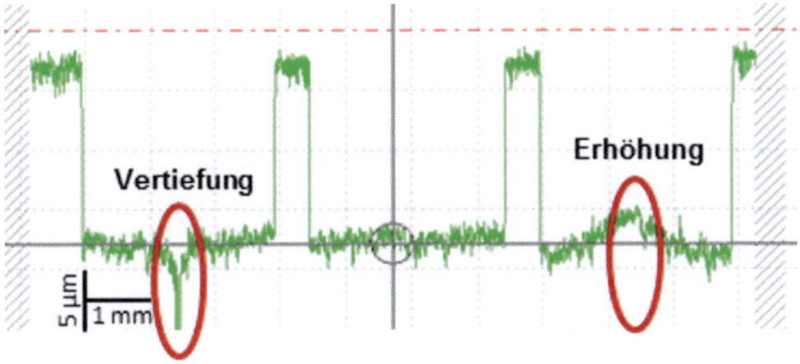

Abbildung 66: Profilmessung der spiralförmigen Scanprofile mit variierter Spurüberdeckung: 5 µm (links); 8 µm (mitte); 12 µm (rechts)

6.2.2 Untersuchungen zu linearer Verfahrbewegung

6.2.2.1 Überlagerung einer linearen Achsbewegung

Im Folgenden wird diskutiert, wie sich der Abtrag dreier verschiedener Scanprofile unter Einfluss einer linearen Achsbewegung verhält. Tabelle 24 veranschaulicht dies für eine Auswahl von Scanprofilen. Überlagern sich die einzelnen Scanprofile mit der Achsbewegung, kommt es zu einem typischen Spurquerschnitt. Infolge der Wechselwirkung entstehen bei kreisförmigen und logarithmisch-spiralförmigen Scanprofilen parabelähnliche Profile, bei denen der Abtrag mittig im Profil erhöht ist. Im Gegensatz dazu ist der Querschnitt für ein quadratisches Scanprofil nahezu eben, wodurch eine Spur mit konstanter Abtragstiefe mit geringen Rauheiten R_q von 0,33 µm entsteht. Die dargestellten Spurquerschnitte beziehen sich auf eine Vorschubgeschwindigkeit von 0,001 mm/s.

Tabelle 24: Spurquerschnitt, Rauheit und Abtrag zum logarithmischen, stochastisch gefüllten kreisförmigen und stochastisch gefüllten quadratischen Scanprofil

Parameter	f_R = 200 kHz; v_{scan} = 600 mm/s; F = 2 J/cm²; $SÜ$ = 8 µm; $PÜ$ = 8 µm; λ = 355 nm; v_{Achse} = 0,01 mm/s; d_{WZK} = 3 mm		
Scanprofil	logarithmische Spirale l = 0,9	stochastisch gefüllter Kreis	stochastisch gefülltes Quadrat
Spurquer-schnitte	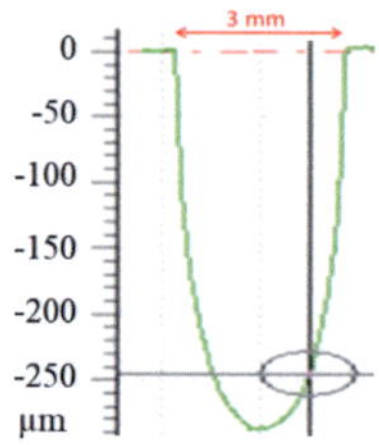	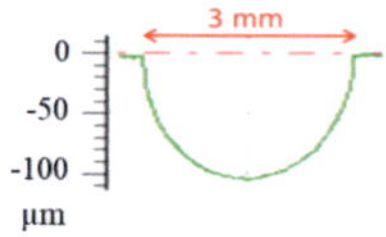	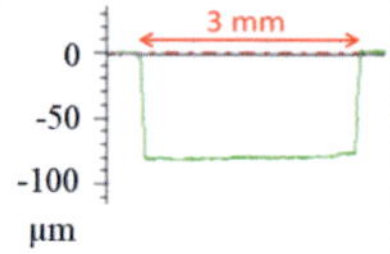
Rauheit R_q [µm]	0,52	0,44	0,33
Abtrag T_A [µm]	285	105	85

Aus Tabelle 24 wird das Scanprofil „stochastisch gefülltes Quadrat" mit variablen Vorschubgeschwindigkeiten prozessiert und die entstehenden Abtragstiefen bestimmt. Daraus ergibt sich ein funktioneller Zusammenhang, wie er in Abbildung 67 dargestellt ist. Es zeigt sich, dass die Abtragstiefe der Spur mit zunehmender Vorschubgeschwindigkeit nicht linear, sondern potenziell abfällt. Das geht einher mit der Überlegung, dass ein Flächeninkrement von genau halb so vielen Scanprofilen bestrahlt wird, wenn die Vorschubgeschwindigkeit verdoppelt wird. Die Werte für die resultierende Rauheit R_q nach der Bearbeitung senken sich von Werten um 0,7 µm für geringe bis auf 0,4 µm für hohe Vorschubgeschwindigkeiten. Mithilfe dieser Kennlinie und einem konstant abtragenden Scanprofil lässt sich ein geschwindigkeitsabhängiger Abtrag berechnen. Das ist die Voraussetzung für einen weg-zeit-gesteuerten 3D-Abtrag.

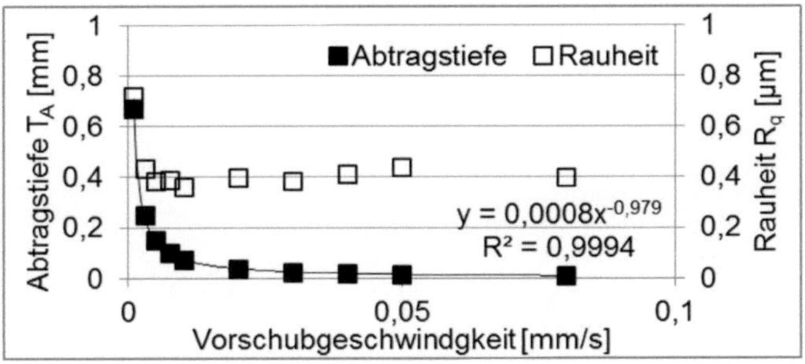

Abbildung 67: Abtragstiefe und Rauheit für die Überlagerung einer quadratischen Werkzeugfunktion mit unterschiedlichen Vorschubgeschwindigkeiten

6.2.2.2 Funktionsabhängige Verfahrbewegung

Für einen weg-zeit-gesteuerten Abtrag muss die Geschwindigkeit funktionell in Abhängigkeit vom Ort variiert werden. Um das Bewegungssystem mit ortsvariablen Geschwindigkeiten zu betreiben, muss das gewünschte Bewegungsprofil in Inkremente mit individuellen Geschwindigkeiten zerlegt werden. Dies wird folgend mit einem in Abbildung 68 dargestellten sinusförmigen Geschwindigkeitsprofil untersucht. Die funktionsabhängige Achsgeschwindigkeit v_{Achse} wird in gleichen Inkrementen berechnet und ist innerhalb dieser diskret. Die Länge der Inkremente und damit die Auflösung der Funktion werden durch die gewählte Schrittweite bestimmt. Die Amplitude A und die Phase B als Verschiebung der Funktion bestimmen das Intervall, in welchem die Achsgeschwindigkeit variiert. Eine formnahe Bearbeitung setzt einen linearen Abfall des Abtrages bei Erhöhung der Achsgeschwindigkeit voraus. Aus Abbildung 67 ist bekannt, dass dies über einen breiten Geschwindigkeitsverlauf nicht der Fall ist. Deswegen wird ein Geschwindigkeitsintervall von $0{,}005 < v_{\text{Achse}} < 0{,}01$ mm/s gewählt, in welchem eine moderate Änderung der Geschwindigkeit eine moderate Änderung des Abtrages bewirkt und die resultierende Rauheit die geringsten Werte um 0,38 µm annimmt. Darüber hinaus ergeben sich aus dem Geschwindigkeitsbereich vor dem charakteristischen „Knick“ sehr hohe Abtragstiefen, bei denen eine effektive Partikelabfuhr nicht gewährleistet werden kann, und unterhalb die Abtragstiefen so gering werden, dass bei Geschwindigkeitsvariation lediglich geringe Amplituden möglich werden.

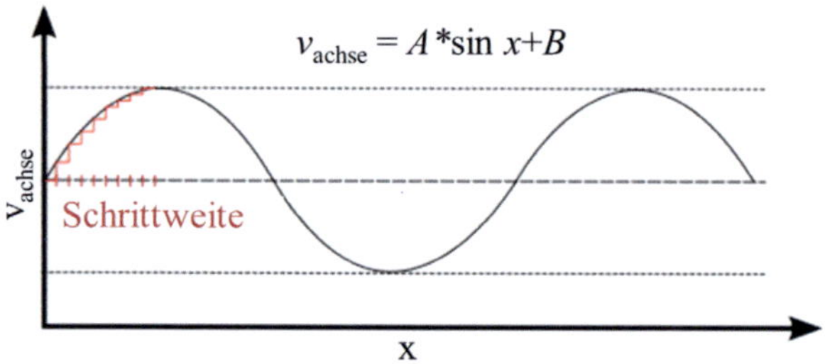

Abbildung 68: Sinusförmiger Geschwindigkeitsverlauf

In Abbildung 69 sind die taktilen Messdaten einer gefertigten Sinusform entlang einer Bearbeitungsspur, die dazugehörigen Solldaten sowie die Differenz beider Kurven als Abweichung gegenübergestellt. Der Sinusverlauf mit einer Amplitude von 33 µm ist näherungsweise zu erkennen, jedoch weisen die Flanken erhöhte Abweichungen im Bereich von bis zu 10 µm mit einer Strukturwellenlänge im Bereich von 6 mm auf.

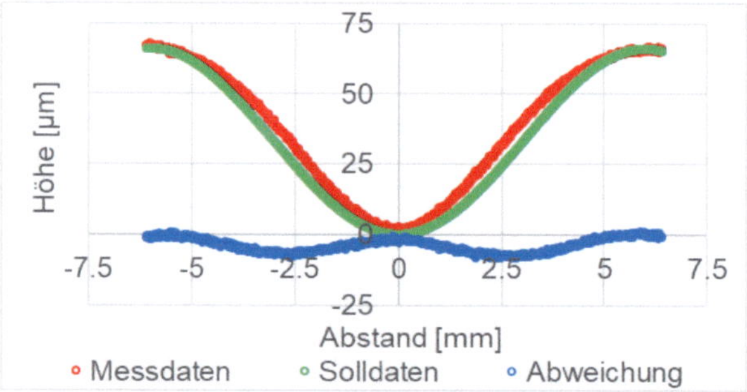

Abbildung 69: Gegenüberstellung Mess- und Solldaten mit Abweichung für die Formgebung mit Scanprofil

6.2.2.3 Flächiger Abtrag durch Aneinanderreihung mehrerer Spuren

Durch Aneinanderreihung von Spuren, bearbeitet mit dem stochastisch gefüllten, quadratischen Scanprofil, ist es möglich eine dreidimensionale Struktur zu erzeugen. Im vorliegenden Fall spiegelt ein

Polynom 9. Grades aus Abbildung 70 die originale Flächenform gut wider. Polynomgrade kleiner neun zeigen visuelle Abweichungen von der Sollform und Polynomgrade größer neun führen zur weiteren Deformation der entfernten Form.

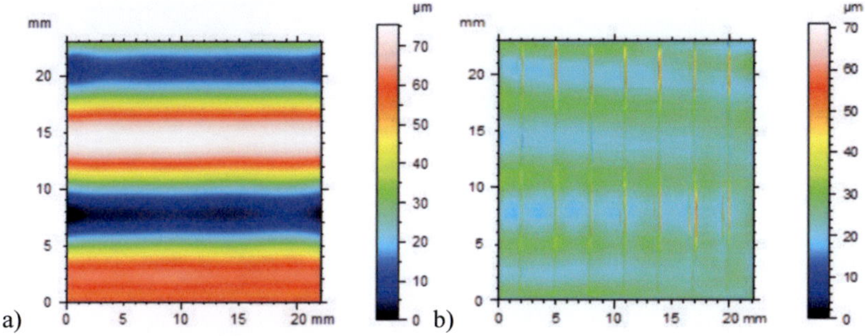

Abbildung 70: Approximation der Sollfläche durch ein Polynom 9. Grades. a) Software TalyMap Silver; b) entstehender Restfehler der Sinusstruktur bestehend aus Welligkeit und Rauheit nach Abzug des Polynoms von den Messdaten

Die ursprüngliche Oberfläche zeigt Peaks an den Berührungsbereichen der einzelnen Spuren im Bereich von 15–40 µm abhängig von ihrer Lage im Feld. Diese werden zu großen Teilen als Messartefakte interpretiert, da bei einer taktilen Messung wie hier vorliegend quer zum Profil der Messtaster an Sprungstellen bekanntermaßen zum Überschwingen neigt und die tatsächlichen Sprungstellen überhöht darstellt. Eine weitere Betrachtung dieser Kontaktzone wurde nicht durchgeführt. Aus den Messdaten ergeben sich Rauheitswerte R_q von 0,42 µm und eine Amplitude von 35 µm. In Abbildung 71 sind weiterhin periodische Fehlerstrukturen entlang des Sinusprofils zu erkennen, welche in Quer- und Längsprofilschnitten dargestellt sind. Die Fehleramplituden nach Abzug der approximierten Form längs der Einzelspuren liegen ebenso im Bereich von 10 µm, wobei die Peaks der maximalen Fehler, wie aus Abbildung 69 zu entnehmen, im Bereich der Flanken der Sollgeometrie liegen und ebenso Wellenlängen im Bereich von 6 mm aufweisen. Dabei ist selbst nach Abzug der benannten Form eine leichte Kippung aus dem Querprofilschnitt zu erkennen, dessen Ursache nicht abschließend geklärt werden kann.

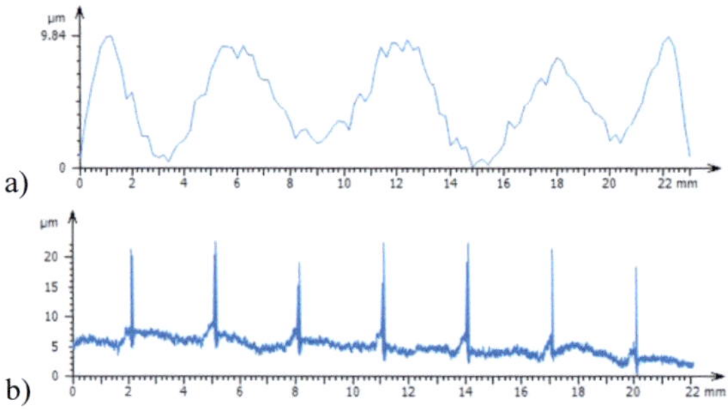

Abbildung 71: Profilschnitte der Sinusstruktur nach Abbildung 72.
a) Horizontalprofilschnitt;
b) Vertikalprofilschnitt

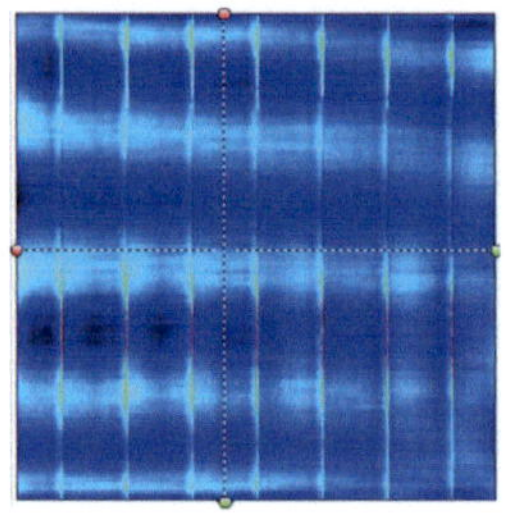

Abbildung 72: Schnittlinien der Restfehlerdaten nach Abzug der approximierten Sollform quer und längs der Sinusstruktur

6.2.3 Zusammenfassung der Ergebnisse zum Abtrag mit Scanprofil

In den experimentellen Untersuchungen konnten Scanprofile erstellt, optimiert und mit der Festlegung von Bearbeitungsparametern wie Scangeschwindigkeit, Spurüberdeckung und Fluenz als Abtragswerkzeug untersucht werden.

Die Überlagerung eines fortlaufend arbeitenden Scanprofils und einer Achsbewegung führt zu einem charakteristischen Spurquerschnitt mit Rauheitswerten von 0,3–0,5 µm. Bei Änderung der Achsvorschubgeschwindigkeit variiert darüber hinaus der Abtrag, der funktionell beschrieben werden kann. Mit Kenntnis dieses geschwindigkeitsabhängigen Abtragsverhaltens kann durch eine inkrementelle Vorgabe von Orts- und Geschwindigkeitsdaten ein ortsvariabler Materialabtrag umgesetzt werden.

Die Prozessdaten für eine eindimensionale Sinusstruktur wurden derart aufbereitet und mit einem quadratischen Scanprofil abgetragen. Dabei ergeben sich Abweichungen von der Amplitude von < 10 µm (< 2,8 %) sowie Rauheitswerte von $R_q = 0,4$ µm. Die Aneinanderreihung einzelner Abtragsspuren führt an den Berührungsflächen zu störenden Peaks in der Größenordnung von bis zu 50 µm. Der Restfehler nach Abzug der approximierten Sollform liegt bei 10 µm mit verbleibenden Strukturen mit einer Wellenlänge von ca. 6 mm.

7 Zusammenfassung und Ausblick

Im Rahmen der vorliegenden Arbeit wurden Abtragsverfahren zur Formgebung optischer Komponenten aus mineralischem Glas mittels ultrakurz gepulster Laserstrahlung untersucht. Für diese Untersuchungen wurden ein experimenteller ps- und ein fs-Aufbau konzipiert, umgesetzt, optimiert und charakterisiert sowie Analysemethoden zur Probenbewertung entwickelt.

Aus den Untersuchungen zu den ausgewählten Gläsern und der verfügbaren Theorie ergibt sich die Tatsache, dass mit Verwendung ultrakurzer Laserpulse prinzipiell das gesamte Materialspektrum bearbeitbar ist, wenngleich sich die Bearbeitungsergebnisse unterscheiden. Es wurden plausible Parameterräume definiert, in denen der Ablationsprozess stabil in Bezug auf die gewählten Zielgrößen beschrieben werden kann.

Experimentell zeigten sich der glasspezifischen Bandlücke sowie der applizierten Wellenlänge nach steigende Grenzwerte für die zur Ablation notwendigen Fluenz. Beim Vergleich der Pulsdauerregime zeigte sich, dass für einen einsetzenden ps-Abtrag höhere Fluenzwerte als für einen fs-Abtrag appliziert werden müssen.

Die Untersuchungen haben veranschaulicht, dass sich, in Relation zu einem spezifischen Vorbearbeitungszustand von Quarzglas, mit zunehmendem Abtrag, also mehreren Überfahrten, ein Gleichgewicht der Rauheit auf der Oberfläche einstellte und man von einer Sättigungsrauheit sprechen kann. Für dieses Abtragsverhalten an mineralischen Gläsern wurde ein Modell für den 2,5D-Formabtrag mit ausgewählten Parametern aufgestellt und Aussagen zum notwendigen Konditionierabtrag getroffen.

Gleichzeitig ergab sich nach Erreichen des Sättigungswertes ein konstantes Ablationsregime, welches einen linearen Abtrag pro Überfahrt ermöglichte. Dies war eine wichtige Voraussetzung für einen schichtweisen, formgebenden Abtrag und ist in Abbildung 73 schematisch angedeutet. Als Basis für den Formabtrag, sollte zur Reduzierung der notwendigen „Konditionierung“ die initiale Rauheit nach der Vorbearbeitung mittles „Schleifen“ nahe der parameterspezifischen Sättigungsrauheit liegen.

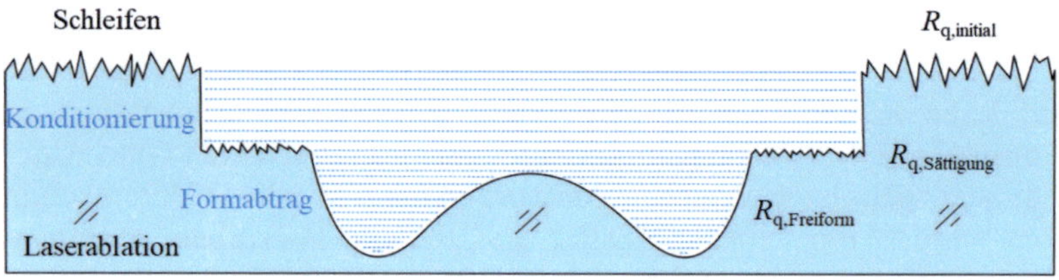

Abbildung 73: Modell zum schichtweisen Formabtrag

Für die Rauheit nach der Ablation ergab sich für SF6 und Quarzglas im fs-Regime eine Unabhängigkeit von der Wellenlänge mit Werten um 0,5 µm. Im ps-Regime ergaben sich hingegen z. T. deutliche Unterschiede und geringste Werte im UV-Wellenlängenbereich. Eine Abhängigkeit der Rauheit von der eingestrahlten Fluenz ergab sich aus den Ergebnissen nicht.
Die gemessenen induzierten optischen Gangunterschiede lagen deutlich unter 10 nm/cm, ohne die Werte von Quarzglas im ps-Regime sogar unter 2 nm/cm. Das war über die verschiedenen applizierten Wellenlängen hinweg und auch für SF6 mit niedriger Bandlücke der Fall. Damit erfolgte der Nachweis einer spannungsarmen Bearbeitung über ein breites Parameterfeld für zwei mineralische Gläser.
Für eine an den Zielgrößen (Rauheit, induzierte optische Gangunterschiede, Abtragstiefe sowie Abtragsraten) ausgerichtete Auswahl von Bearbeitungsparametern sind die Schädigungstiefen bestimmt worden. Es ergaben sich unterschiedliche Werte und Strukturen. So sind für SF6 die Schädigungstiefen der lamellenartigen Strukturen unter Zunahme der Fluenz von 9 µm auf bis zu 18 µm und für Quarzglas ein Abfall von 17 µm bis auf 8 µm bestimmt worden. Es zeigte sich, dass die resultierenden Schädigungstiefen parameterspezifisch sehr geringe Werte aufweisen und den notwendigen Polierabtrag, gemessen an den bereits beschriebenen typischen Schädigungstiefen von rund 15 µm nach dem Fein- und Feinstschleifen, reduzieren.
Für einen lateral präzisen Abtrag der einzelnen Schichten war die korrekte Synchronisierung des geplanten Schichtabtrages mit der realen Abtragstiefe pro Überfahrt notwendig. Um den konstanten Abtrag zu gewährlisten, mussten zudem der Fokus nachgeführt und die sich in der Wechselwirkungszone ablagernden Partikel abgeführt werden.

Für den präzisen Schichtabtrag war zusätzlich die laterale Positionsgenauigkeit der einzelnen Schichten von Bedeutung und konnte durch die Anpassung der Laser- und Scannerdelays sowie der Nutzung des Skywriting-Modus umgesetzt werden. Für die Untersuchungen wurden galvanometrische Scansysteme genutzt, die aufgrund ihrer technischen Konfigurationsmöglichkeiten Scanfeldgrößen bis zu ca. (80 x 80) mm^2 ermöglichen und damit auch das Bauteilspektrum in der lateralen Ausdehnung begrenzen.
Ein schichtweiser Abtrag mit ultrakurzen Pulsen kann folglich als Substitutionstechnologie für den formgebenden Feinschleifprozess angesehen werden. Die ermittelten Zeitspanvolumina lagen im applizierten Laserparameterfeld mit < 14 mm^3/min deutlich über den Werten des Fein- und Feinstschleifens mit < 2 mm^3/min. Eine Steigerung durch die Applikation von höheren Fluenzen für die Parameterauswahl zur Formgebung würde die Abtragsraten weiter steigern, ohne die Spannungs- und Rauheitswerte in der Ebene wesentlich zu verändern. Einbußen müssen jedoch in der vertikalen Auflösung hingenommen werden, da die Schichtabstände größer werden.
Mit weiteren Untersuchungen zu Scanprofilen konnte gezeigt werden, dass beliebige Oberflächenprofile prozessiert werden können. Dazu sind eine Optimierung der Spurabstände sowie Kenntnis einer materialspezifischen Abtragskennlinie erforderlich. Dies wurde am Beispiel einer periodischen Sinustruktur demonstriert.
Mit Erreichen dieser Werte ist für die Optiktechnologie eine Innovation in Bezug auf den Freiformabtrag von Glas auf Basis ultrakurz gepulster Laserstrahlung gelungen. Es existiert kein laserbasierter Formgebungsprozess, mit dem unterschiedliche optische Gläser mit den vorgestellten Eigenschaften abgetragen werden können. Die Untersuchungen belegen die Vorteile gegenüber der klassischen Präzisionsschleifbearbeitung von Gläsern. Durch die nicht linearen Absorptionsmechanismen ist prinzipiell das gesamte Materialspektrum bearbeitbar. Im Rahmen der Arbeiten wurde dies exemplarisch an zwei gewählten optischen Materialien nachgewiesen. Darüber hinaus erfolgt die Bearbeitung kraftfrei, ohne Kühl-Schmiermittel und dessen aufwändiger Temperierung und mit reproduzierbaren beliebig geformten Oberflächen.
Aus den gegenwärtig laufenden Entwicklungen zur Erhöhung von Bearbeitungsgeschwindigkeit und Laserleitung könnten in naher Zukunft auch höhere Abtragsraten resultieren. Die verfügbaren mittleren

Leistungen im kW-Bereich und hohe Pulsfolgefrequenzen erfordern zukünftig sehr schnelle Laserstrahlablenksysteme, wie z. B. Polygonscanner oder akustooptische Deflektoren. Die Untersuchungen haben gezeigt, dass in Bezug auf die Zielgrößen die Bearbeitung bei höheren Fluenzen und Wellenlängen attraktiv erscheint, dann jedoch die vertikale Auflösung abnimmt. Die ausgewählten Parameter liegen am unteren Ende der tatsächlich verfügbaren Leistung bzw. Pulsenergie. Daher wäre eine Parallelisierung der Bearbeitung ebenso geeignet, die zur Verfügung stehende Leistung effektiv für die Formgebung mehrerer Komponenten oder mittels Multispotbetrieb die Bearbeitung mehrerer Einzelkomponenten zu nutzen. Weiterhin ist die laterale Auflösung des Laserstrahles bei der Formgebung nur bedingt nützlich. Größere Foki und angepasste Strahlprofile könnten weiterhin dazu beitragen, die Bearbeitungsgeschwindigkeit zu erhöhen, da bei gleicher Pulsüberdeckung und Pulsfolgefrequenz der Laserstrahl wesentlich schneller abgelenkt werden kann.

Als einen Ansatz zu einer gesamtheitlichen Prozesskette auf Basis ultrakurz gepulster Laserstrahlung sollten der Übergang und die Charakteristik von repetitivem zu kumulativem Regime durchdrungen werden. Durch die Aneinanderreihung von Laserpulsen kann sich für hohe Pulsfolgefrequenzen und Pulsenergien ein kumulatives Bearbeitungsregime ergeben, in dem lokal begrenzt Wärme akkumuliert und Material geschmolzen werden kann. Dies könnte potenziell für einen Glättungsschritt nach der Formgebung genutzt werden, sodass im Anschluss eine interferometrische Messung und gegebenenfalls eine Korrekturbearbeitung möglich wird. Dieser Bearbeitungsschritt könnte möglicherweise mit derselben Laserstrahlquelle durchgeführt werden.

Für einen homogenen Flächenabtrag mit einem konstanten makroskopischen Scanprofil, wie es in dieser Arbeit mit den Scanprofilen realisiert wurde, könnten ferner zukünftig angepasste Energieverteilungen durch Nutzung von strahlformenden Elementen kombiniert mit einem Achssystem erfolgen.

Literaturverzeichnis

[All06] Allen, Y.; Chunning, C.; Klocke, F.; Brecher, C.; Pongs, G.; Winterschladen, M.; Demmer, A.; Lange, S.; Bergs, T.; Merz, M.; Niehaus; F.: Development of a compression molding process for three-dimensional tailored free-form glass optics. In: Applied Optics Vol. 45 No. 25, 2006

[Ani67] Anisimov, S. I.; Bonch-Bruevich, A.; Elyashevich, M.; Imas, Y.; Romanov, N.: Effect of powerful light fluxes on metals. Sov. Phys. Tech. Phys., 11, 945–952, 1967

[Arn15] Arnold, T.; Boehm, G.; Paetzelt, H.; Pietag, F.: Ion beam and plasma jet based methods in ultra-precision optics manufacturing. Proc. SPIE 9442, 2015

[Arn17] Arnold, T.; Boehm, G.; Paetzelt, H.: Precision asphere and freeform optics manufacturing using plasma jet machining technology. Proc. SPIE 10448, 2017

[Ash99] Ashkenasi, D.; Lorenz, M.; Stoian, R.; Rosenfeld, A.: Surface damage threshold and structuring of dielectrics using femtosecond laser pulses: the role of incubation. Elsevier Verlag, Berlin, 1999

[Bal14] Balčiūnas, E.; Lukoševičius, L.; Mackevičiūtė, D.; Rekštytė, S.; Rutkūnas, V.; Paipulas, D.; Stankevičiūtė, K.; Baltriukienė, D.; Bukelskienė, V.; Piskarskas, A.; Malinauskas, M.: Combination of thermal extrusion printing and ultrafast laser fabrication for the manufacturing of 3D composite scaffolds. Proc. SPIE 8972, 2014

[Bas09] Bass, M.; Decusatis, C.; Enoch, J.: Handbook of Optics, Volume IV: Optical Properties of Materials, Nonlinear Optics, Quantum Optics. McGrawHill, New York, 2009

[Bat88] Bates, D.; Watts, D.: Nonlinear regression analysis and its applications. John Wiley & Sons, Inc., New York, 1988

[Bay17] Bayer, L.; Ehrhardt, M.; Lorenz, P.; Pisoni, S.; Buecheler, S.; Tiwari, A.; Zimmer, K.: Morphology and topography of perovskite solar cell films ablated and scribed with short and ultrashort laser pulses. Applied Surface Science, Vol. 416, 2017

[Bea14] Beaucamp, A.; Namba, Y.; Charlton, P. ; Freeman, R.: Super Smooth Finishing of Optical Surfaces By Fluid Jet and Bonnet Polishing. Ed.: ODF'14. Tokyo, 2014

[Bec02] Beckstette, K. F.: Ultrapräzise Oberflächenbearbeitung am Beispiel von Lithografieoptiken. Technische Messen Vol. 12, S. 526–534, 2002

[Bek12] Bekesi, J.; Meinertz, J.; Simon, P.; Ihlemann, J.: Sub-500-nm patterning of glass by nanosecond KrF excimer laser ablation. Appl. Phy. A, Vol. 110, 17–21, 2012

[Ber16] Berlich, R; Richter, D.; Richardson, M.; Nolte, S.: Fabrication of computer-generated holograms using femtosecond laser direct writing. Opt. Lett. 41 (8), 1752–1755, 2016

[Bli10] Bliedtner, J.; Gräfe, G.: Optiktechnologie: Grundlagen – Verfahren – Anwendungen. Carl Hanser Fachbuchverlag, Leipzig, 2010

[Bli11] Bliedtner, J.; Gräfe, G.; Hector, R.: Optical Technology, McGrawHill Verlag, New York, 2011

[Bli13] Bliedtner, J.; Müller, H.; Barz, A.: Lasermaterialbearbeitung. Carl Hanser Verlag, Leipzig, 2013

[Bli18] Bliedtner, J.; Schwager, A.; Henkel, S.; Götze, K.; Gerhardt, M.; Fuhr, M.: New Process Chain for the Production of Complex Freeform Optical Components. Optik & Photonik, Vol. 13, Issue 2, 2018

[Boer09] Boerret, R.; Giggel, V.; Wang, H.: ASPHERO5 – Rapid fabrication of precise aspheres. Proc. SPIE Vol. 5965, Bellingham, 2005

[Böh07] Böhme, R.: Laser-induced backside wet etching of glasses and crystals. Universität Halle-Wittenberg, Dissertation, 2007

[Bor14] Bordatchev, E.; Hafiz, A.; Tutunea-Fatan, R.: Performance of laser polishing in finishing of metallic surfaces. Int. Jour. Adv. Manuf. Techn., Vol. 73, S. 35–52, 2014

[Bri08] Brinksmeier, E.; Gläbe, R.; Lünemann, B.: Manufacturing of diffractive microstructures using an open loop nanometerstroke Fast Tool Servo System. Proceedings of the euspen International Conference, Vol. 2, S. 125–128, Zürich, 2008

[Brü12] Brüning, S.: Ultrakurzpuls-Laser zur dreidimensionalen Mikrostrukturierung von Druck- und Prägeformen. RWTH Aachen, Dissertation, 2012

[Bul04] Bulgakova, N.; Stoian, R.; Rosenfeld, A.; Hertel, I.; Campbell, E.: Electronic transport and consequences for material removal in ultrafast pulsed laser ablation of materials. Phy. Rev. B, 69, 2004

[Bul05] Bulgakova, N.; Stoian, R.; Rosenfeld, A.; Hertel, I.; Marine, W.; Campbell, E.: A general continuum approach to describe fast electronic transport in pulsed laser irradiated materials: The problem of Coulomb explosion. Appl. Phy. A, Vol. 81, S. 345–356, 2005

[Bul14] Bulgakova, N.; Zhukov, V.; Meshcheryakov, Y.; Mocek, T.: Pulsed laser modification of transparent dielectrics: What can be foreseen and predicted by numerical simulations. J. Opt. Soc. Am. B 31(11), C8–C14, 2014

[Bul16] Bulgakova, N.; Zhukov, V.; Mirza, I.; Meshcheryakov, Y.; Tomastik, J.; Michalek, V.; Haderka, O.; Fekete, L.; Rubenchik, A.; Fedoruk, M.; Mocek, T.: Ultrashort-pulse laser processing of transparent materials: Insight from numerical and semi-analytical models. Proc. SPIE Vol. 9735, 2016

[Bur15] Burmeister, F.; Steenhusen, S.; Houbertz, R.; Asche, T. S.; Nickel, J.; Nolte, S.; Tucher, N.; Josten, P.; Obel, K.; Wolter, H.; Fessel, S.; Schneider, A.M.; Gärtner, K.-H.; Beck, S.; Behrens, P.; Tünnermann, A.; Walles, H.: Two photon polymerization of inorganic-organic polymers for biomedical and microoptical applications. In: Optically Induced Nanostructures, König, K.; Ostendorf, A., De Gruyter, Berlin, Boston, 2015

[Cha83] Chambers, R.; Cleveland, W.; Kleiner, B.; Tukey, P.: Graphical Methods for Data Analysis. Springer, Wadsworth, 1983

[Chi96] Chichkov, B.N.; Momma, C.; Nolte, Alvensleben, F.; Tünnermann, A.: Femtosecond, picosecond and nanosecond laser ablation of solids. Appl. Phy. A, S. 109–115, 1996.

[Dic11] Dickmann, K.; Hildenhagen, J.; Engelhardt, U.: Micromachining using high-power picosecond lasers. Laser Technik Journal, No. 5, Wiley-VCH, Weinheim, 2011

[Dör15] Döring, S.: Analysis of the hole shape evolution in ultrashort pulse laser drilling, Friedrich-Schiller-Universität Jena, Dissertation, 2015

[Eic10] Eichler, H.; Eichler, J.: Laser-Bauformen, Strahlführung, Anwendungen. Springer Verlag, Berlin, 2010

[Eif15] Eifel, S.: Effizienz- und Qualitätssteigerung bei der Lasermikrobearbeitung mit UKP-Lasern durch neue optische Systemtechnik. Apprimus Verlag, Aachen, 2015

[Eil16] Eilzer, S.; Funck, M.; Wedel, B.: Industrial fiber beam delivery system for ultrafast lasers: applications and recent advances. Proc. SPIE 9741, 2016

[Fäh16] Faehnle, O.; Yu, G.; Walker, D.: Analysis of tool-mass-acceleration effects onto sub-aperture computer controlled polishing (CCP). Proc. SPIE 10009, 2016

[Fen14] Feng, W; Shevchenko, R.; Sparkes, M.; O'Neill, W.: Precision glass microstructure fabrication using ultrafast laser induced chemical etching. Proc. 14 International Conference of the Europ. Soc. Prec. Engin. & Nanotech., Dubrovnik, 2014

[Fis99] Fischer, V.; Matsuura, T.; Hirota, S.: Asphärische optische Oberflächen blankgepresst. In F&M, Deutschland, 1999

[Föh11] Föhl, C.: Einsatz ultrakurz gepulster Laserstrahlung zum Präzisionsbohren von Metallen. Universität Stuttgart, Dissertation, 2011

[Fri14] Friedrich, M.; Wächter, S.; Giesecke, J.; Schindler, C.; Müller, J.: Strategien zur Qualitätssteigerung bei der anwendungsorientierten Ultrakurz-Lasermaterialbearbeitung von Glas und Keramik; 9. Jenaer Lasertagung; 2014

[Gat13] Gatto, A.: Microstructured Optics for High Performance Optical Systems. Proc. SPIE 8613, 2013

[Gie12] Giesecke, J.; Wächter, S.; Schindler, C.: Untersuchung des Abtragverhaltens optischer Gläser mittels UKP-Laserstrahlung, 22. Internationale Wissenschaftliche Konferenz, Mittweida, 2012

[Gig10] Giggel, V.: Process Chain for Ultra Precise Freeform Optic Components. Optonet Workshop Ultra Precision Manufacturing, Vortrag, Jena, 2010

[Gur18] Gurganus, D.; Owen, J.; Dutterer, B.; Novak, S.; Symmons, A.; Davies, M.: Precision glass molding of freeform optics. Proc. SPIE 10742, 2018

[Gos98] Ghosh, G.: Handbook of Thermo-Optic Coefficients of Optical Materials with Applications. Academic Press, London, 1998

[Grä17] Gräf, S.; Kunz, C.; Müller, F.: Formation and Properties of Laser-Induced Periodic Surface Structures on Different Glasses. Materials, 2017

[Han16] Hand, D.P.; Carter, R.; Chen, J.; Troughton, M.; Elder, I.; Lamb, R.; Thomson, R.; Esser, D.: Picosecond laser welding of optical to structural materials. 9th International Conference on Photonic Technologies LANE, 2016

[Hao11] Hao, Z; Stelmaszczyk, K.; Rohwetter, P.; Walter, N.; Woeste, L.: Femtosecond laser filament-fringes in fused silica. Optics Express, Vol. 19, No. 8, 2011

[Hec12] Hecht, K.: Entwicklung eines Laserstrahlpolier-verfahrens für Quarzglasoberflächen. Univ.-Verl. Ilmenau, Dissertation, 2012

[Hei14] Heidrich, S.: Abtragprozesse und Prozesskette zur laserbasierten Fertigung optischer Elemente aus Quarzglas. Shaker Verlag, Dissertation, 2014

[Hen09] Henselmann, R.: Non-contact Measurement Machine for Freeform Optics. Eindhoven, Techn. Univ., Dissertation, 2009

[Her99] Herman, P.; Oettl, A.; Chen, K.; Marjoribanks, R.: Laser micromachining of transparent fused silica with 1-ps pulses and pulse trains. Proc. SPIE 3616, 1999

[Her14] Heraeus Standard Optics Information: Suprasil 311 und 312. Heraeus Quarzglas GmbH & Co. KG, Hanau, 2014

[Hol95] Holleman, A.; Wiberg, N.: Lehrbuch der Anorganischen Chemie. de Gruyter Verlag, Berlin, 1995

[Hud15] Huddleston, J.; Novak, J.; Moreshead, W.; Symmons, A.; Foote, E.: Investigation of As40Se60 chalcogenide glass in precision glass molding for high-volume thermal imaging lenses. Proc. SPIE Vol. 9451, 2015

[Hüg09] Hügel, H.; Graf, T.: Laser in der Fertigung. Vieweg + Teubner, Wiesbaden, 2009

[Iza09] Izawa, Y.; Setuhara, Y.; Hashida, M.; Fujita, M.; Izawa, Y.: Ablation and amorphization of crystalline Si by femtosecond and picosecond laser irradiation. Japanese Journal of Applied Physics, 2006.

[Jae15] Jaeggi, B.; Neuenschwander, B.; Zimmermann, M.; Zecherle, M.; Boeckler, E.: Time-optimized laser micro machining by using a new high dynamic and high precision galvo scanner. Proc. SPIE 9735, 2015

[Jah00] Jahns, J.: Photonik: Grundlagen, Komponenten und Systeme. De Gruyter, Oldenburg, 2000

[Jan97] Jandeleit, J.: Materialabtrag mit intensiven, ultrakurzen Laserpulsen für Anwendungen in der Mikrosystemtechnik. Shaker Verlag, RWTH Aachen, Dissertation, Aachen, 1997

[Jau12] Jauernig, U.: Herstellung funktioneller Dünnschichtelemente auf den Stirnflächen von Lichtleitfasern mittels hochauflösender lithografischer Strukturierungsverfahren. Universitätsverlag Ilmenau, Dissertation, Ilmenau, 2012

[Jed15] Jedamzik, R.; Yadwad, H.; Dietrich, V.: Results of a polishing study for SCHOTT XLD glasses. Proc. SPIE 9628, 2015

[Jen18] Jenne, M.; Flamm, D.; Ouaj, T.; Hellstern, J.; Kleiner, J.; Grossmann, D.; Koschig, M.; Kaiser, M.; Kumkar, M.; Nolte, S.: High-quality tailored-edge cleaving using aberration-corrected Bessel-like beams. Opt. Lett. 43 (13), 3164–3167, 2018

[Jes05] Jesse, K.: Femtosekundenlaser. Einführung in die Technologie der ultrakurzen Lichtimpulse. Springer-Verlag, Berlin Heidelberg, 2005

[Kat08] Katte, H.: Bildgebende Messung der Spannungsdoppelbrechung in optischen Materialien und Komponenten. Photonik, AT-Fachverlag, Fellbach, S.60–63. 2008

[Kau96] Kautek, W.; Krüger, J.: Laser ablation of dielectrics with pulse durations between 20 fs and 3 ps. Appl. Phys. Lett. 69, 1996

[Kel65] Keldysh, L. V.: Ionisation in the field of strong electromagnetic wave. Soviet Physics JETP, 1965.

[Kim00] Kim, B.; Feit, M.; Rubenchik, A.; Joslin, E.: Effects of high repetition rate and beam size on hard tissue damage due to subpicosecond laser pulses. Appl.Phy.Letters, Vol. 76, Nr. 26, S. 4001–4003, 2000

[Kim04] Kim, J.; Berberoglu, H.; Xu, X.: Fabrication of microstructures in photoetchable glass ceramics using excimer and femtosecond lasers. J. Micro/Nanolith. MEMS MOEMS, S. 478–485, 2004

[Kli04] Klimt, B.: Micromachining with picosecond laser pulses. Industrial Laser Solutions for Manufacturing, 2004

[Klo06] Klocke, F.: Präzisionsblankpressen optischer Gläser. Jahrbuch Optik und Feinmechanik, 2006

[Klo10] Klocke, F.; Dambon, O.; Hollstegge, D.: Integrated Process Chain for Glass Moulding of Freeform Surfaces. ODF, Yokohama, 2010

[Kno06] Knowles, M.R.H.; Karnakis, D.; Rutterford, G.; Dimow, S.: Laser micro-milling of ceramics, dielectrics and metals using nanosecond and picosecond lasers. 2nd International conference on multi-material micro manufacture, Grenoble, 2006

[Koe16] Köhler, T.; Schindler, C.; Roth, E.: Mastering the Art of Freeform Manufacturing. Optonet Workshop Ultra Precision Manufacturing, Vortrag, Jena, 2016

[Koh05] Kohler, U.; Kreuter, F.: Datenanalyse mit Stata: Allgemeine Konzepte und ihre praktische Anwendung. Oldenbourg Wissenschaftsverlag, München, 2005

[Kop10] Kopf, T.: Anwendungen von CAx-Systemen in einer Prozesskette für das Ultrapräzisionsfräsen. Fachhochschule Jena, Masterarbeit, 2010

[Kor07] Kordt, J.: Konturnahes Laserstrahlstrukturieren für Kunststoffspritzgießwerkzeuge. RWTH Aachen, Dissertation, 2007

[Krü99] Krüger, J.; Kautek, W.: The Femtosecond Pulse Laser: a new Tool for Micromachining. Laser Physics Vol. 9, Springer-Verlag, S. 30–40, 1999

[Kum14] Kumkar, M.; Bauer, L.; Russ, S.; Wendel, M.; Kleiner, J.; Grossmann, D.; Bergner, K.; Nolte, S.: Comparison of different processes for separation of glass and crystals using ultrashort pulsed lasers. Proc. SPIE 8972, 2014

[Kum16] Kumkar, M.; Kaiser, M.; Kleiner, J.; Grossmann, D.; Flamm, D.; Bergner, K.; Nolte, S.: Ultrafast laser processing of transparent materials supported by in-situ diagnostics. Proc. SPIE 9735, 2016

[Len98] Lenzner, M.; Krüger, J.; Sartania, S.; Cheng, Z.; Spielmann, C.; Mourou, G.; Kautek, W.; Krausz, F.: Femtosecond Optical Breakdown in Dielectrics. Phys. Rev. Lett. 80(18): 4076–4079, 1998

[Loh01] Lohmeyer, S.: Werkstoff Glas, III. Expert Verlag, Renningen, 2001

[Lor14] Lorenz, P.; Zehnder, S.; Ehrhardt, M.; Frost, F.; Zimmer, K.; Schwaller, P.: Nanosecond laser-induced back side wet etching of fused silica with a copper-based absorber liquid. Proc. SPIE 8967, 2015

[Lui15] Lui, W.; Zhang, L.: Thermoforming mechanism of precision glass moulding. Applied Optics Vol. 54, No. 22, 2015

[Mal17] Maloney, M.; Entezarian, N.; Dumas, P.: Precision production: enabling deterministic throughput for precision aspheres with MRF. Proc. SPIE 10448, 2017

[Man86] Manenkov, A.; Prokhorov, A.: Laser-induced damage in solids. Sov. Phys. Usp., 29, 104–122, 1986

[Mar03] Martin, S.; Hertwig, A.; Lenzner, M.; Krüger, J.; Kautek, W.: Spot size dependence of the ablation threshold in dielectrics for femtosecond laser pulses. Appl. Phys. A 77: 883–884, 2003

[Mar05] Martin, S.: Zerstörmechanismen in optischen Materialien bei Anregung mit ultrakurzen Laserpulse. Technische Universität Berlin, Dissertation, 2005

[Mat94] Matthias, E.; Reichling, M.; Siegel, J.; Käding, O.; Petzoldt, S.; Skurk, H.; Bizenberger, P.; Neske, E.: The Influence of Thermal Diffusion on Laser Ablation of Metal Films. Appl. Phys. A 58, 1994

[Mcg78] McGill, R.; Tukey, J.W.; Larsen, W.A.: Box plots display batches of data. The American Statistician, Vol32, No.1, 1978

[Mei02] Meijer, J,; Du, K.; Gillner, A.; Hoffmann, D.; Kovalenko, V.; Masuzawa, T.; Ostendorf, A.; Poprawe, R.; Schulz, W.: Laser Machining by short and ultrashort pulses, state of the art and new opportunities in the age of the photons.In: CIRP Annals – Manufacturing Technology, Vol. 51 Issue 2, 2002

[Mis06] Misawa, H.; Juodkazis, S.: 3d Laser Microfabrication – Principles and Applications. Wiley-VCH Verlag, Weinheim, 2006

[Miy11] Miyamoto, I.; Cvecek, K.; Schmidt, M.: Evaluation of nonlinear absorptivity in internal modification of bulk glass by ultrashort laser pulses. Opt. Express 19, 10714–10727, 2011

[Neu10] Neuenschwander, B.; Bucher, G.; Nussbaum, C.; Joss, B.; Muralt, M.; Hunziker, U.; Schuetz, P.: Processing of metals and dielectric materials with ps-laserpulses: results, strategies, limitations and needs. Proc. SPIE 7584, 2010

[Neu12] Neuenschwander, B.; Jaeggi, B.; Schmid, M.; Rouffiange, V.; Martin, P.: Optimization of the volume ablation rate for metals at different laser pulse-durations from ps to fs. Proc. SPIE 8243, 2012

[Neu14] Neuenschwander, B.; Jaeggi, B.; Schmid, G.; Hennig, G.: Surface structuring with ultra-short laser pulses: basics, limitations and needs for high throughput. Physics Procedia, Volume 56, 1047–1058, 2014

[Neu18] Neuenschwander, B.; Jaeggi, B.; Remund, S.; Pimenow, S.: Machining of semiconductors and dielectrics with ultrashort pulses: Influence of the wavelength and pulse bursts. Proc. SPIE 10519, Laser Applications in Microelectronic and Optoelectronic Manufacturing (LAMOM) XXIII, 2018

[Nol04] Nolte, S.; Will, J.; Burghoff, J.; Tünnermann, A.: Ultrafast laser processing: new options for three-dimensional photonic structures. Journal of Modern Optics, 51, S. 2533–2542, 2004

[Nol99] Nolte, S.: Mikromaterialbearbeitung mit ultrakurzen Laserpulsen. Cuvillier Verlag, Universität Göttingen, Dissertation, 1999

[Nol00] Nolte, S.; Kamlage, G.; Korte, F.; Bauer, T.; Wagner, T.; Ostendorf, A; Fallnich, C.; Welling, H.: Microstructuring with femtosecond lasers. Adv. Eng. Mater. 2 (1-2), 23–27, 2000

[Osh04] O'Shea, D.; Suleski, T.; KAthman, Al; Prather, D.: Diffractive Optics: Design, Fabrication, and Test. ISBN 9780819451712, SPIE, 2004

[Pap17] Papa, J.; Howard, J.; Rolland, J.: Starting point designs for freeform four-mirror systems. Proc. SPIE 10590, International Optical Design Conference 2017. 2017

[Pon04] Pongs, G.: Linsenfertigung in einem Schritt. Tools Vol.2, 2004

[Pop05] Poprawe, R.: Lasertechnik in der Fertigung. Springer Verlag, Berlin, 2005

[Pre93] Preuss, S.; Späth, M.; Zhang, Y.; Stuke, M.: Time resolved dynamics of subpicosecond laser ablation, Appl. Phys. Lett. 62, 1993

[Rat90] Ratkowsky, D.A.: Handbook of Nonlinear Regression Models. Marcel Dekker, 1990

[Ren00] Renno, D.; Hübscher, M.: Glas-Werkstoffkunde, Dt. Verl. Für Grundstoffindustrie, Stuttgart, 2000

[Ret10] Rethfeld, B.; Brenk, O.; Medvedev, N.; Krutsch, H.; Hoffmann, D.: Interaction of dielectrics with femtosecond laser pulses: application of kinetic approach and multiple rate equation. Appl. Phy. A, Vol 101, S. 19–25, 2010

[Ret99] Rethfeld, B.: Mikroskopische Prozesse bei der Wechselwirkung von Festkörpern mit Laserpulsen im Subpikosekundenbereich. Technische Universität Braunschweig, Dissertation, 1999

[Ric12] Richter, S..; Nolte, S.; Tünnermann, A.: Ultrashort Pulse Laser Welding – A New Approach for High-Stability Bonding of Different Glasses. Phy. Proc., Vol. 39, S. 556–562, 2012

[Ric16] Richter, S.; Zimmermann, F.; Tünnermann, A.; Nolte, S.: Laser welding of glasses at high repetition rates - Fundamentals and prospects. Opt. Laser Technol. 83, 59–66, 2016

[Rie11] Riehemann, S.; Palme, M.; Steinkopf, R.; Munzert, P.; Notni, G.; Krieg, J.; Sassenberg, V.: Monolithisches optisches Freiformelement für eine IR-Detektorzeile. DGaO-Proc. P39 (112. Tagung), 2011

[Ris14] Ristau, D.: Laser-Induced Damage in Optical Materials, Boca Raton, CRC Press, Taylor & Francis Group, 2014

[Rot12] Roth, E.; Autschbach, L.: Prozesskettenentwicklung für optische Freiformen – der Projektverbund FREE. 58. Jahrbuch für Optik und Feinmechanik, Optikverlag, Görlitz, 2012

[Rud01] Rudolph, P.: Physikalische Chemie der Laser-Material-Wechselwirkung mit Ba-Al-Borosilikatglas, AlN, SiC, SiC-TiC-TiB2. Dissertation, 2001

[Ruf04] Ruf, A.: Modellierung des Perkussionsbohrens von Metallen mit kurz- und ultrakurzgepulsten Lasern. Universität Stuttgart, Dissertation, 2004.

[Rus15] Russbueldt, P.: Innoslab amplifiers. IEEE Journal of Selected Topics, In: Quantum Electronics 21, 2015

[Sav07] Savio, E.; De Chiffre, L.; Schmitt, R.: Metrology of Free-form Shaped Parts, Annals of the CIRP Vol. 56/2/2007, Elsevier, 2007

[Sch01] Schaffer, C. B.; Brodeur, A.; Mazur, B.: Laser-induced breakdown and damage in bulk transparent materials induced by tightly focused femtosecond laser pulses. Measurement Science and Technology, 12, S. 1784–1794, 2001

[Sch02] Schreiber, J.: Erzeugung und Charakterisierung von frequenzverdoppelten ultrakurzen Terawatt Titan-Saphir-Laserimpulsen. Universität Jena, Diplomarbeit, 2002

[Sch03] Schwarzhans, A.: Freeform fabrication, SPIE E-magazine, Vol. 3, No. 5, pp. 27–28. 2003

[Sch06] Schumacher, S.; Sander, M.; Stolte, A.; Doepke, C.; Baumbaertner, W.; Lubatschowski, H.: Investigation of possible fs-LASIK induced retinal damage. Proc. SPIE 6138, 2006

[Sch11] Schmid, M.; Neuenschwander, B.; Romano, V.; Jaeggi, B.; Hunziker, U.: Processing of metals with ps-laser pulses in the range between 10ps and 100ps. Proc. SPIE 7920, 2011

[Sch12] Schindler, C.; Giesecke, J.; Bliedtner, J.; Mueller, H.; Waechter, S.; Giggel, V.: Controlled USP Laser Ablation Strategies for Shaping Optics. Proc. SPIE 8428, 2012

[Sch13] Schaefer, D.; Gottmann, J.; Hermans, M.; Ortmann, J.; Kelbassa, I.: High speed micro scanner for 3D in-volume laser micro processing. Proc. SPIE 8608, 2013

[Sch16] Schwager, A.; CO2 laser beam polishing on different sample geometrics of glass material. Conf. on Laser Polishing, Vortrag, Aachen, 2016

[Sch16] Schille, J.; Schneider, L.; Streek, A.; Kloetzer, S.; Loeschner, U.: High-throughput machining using high average power ultrashort pulse lasers and ultrafast polygon scanner. Proc. SPIE 9736, 2016

[Sch17] Schindler, C.; Köhler, T.; Roth, E.: Freeform Optics: current challenges for future serial production. Proc. SPIE. 10448, 2017

[Sch18] Optisches Glas 2018 – Schott Glaskatalog. Herausgeber Advanced Optics SCHOTT AG, Schmidt printmedien GmbH, Ginsheim-Gustavsburg, 2018

[Schn17] Schnurbusch, G.; Brinksmeier, E.; Riemer, O.: Influence of Cutting Speed on Subsurface Damage Morphology and Distribution in Ground Fused Silica. Inventions, 2017

[Sche17] Scheibe, H.; Schindler, C.; Theska, R.: Technologies for cost-effective manufacturing of precision aspheres and freeforms. Engineering for a changing world / Ilmenau Scientific Colloquium. Technische Universität Ilmenau; 59 (Ilmenau), 2017

[Sch88] Scholze, H.: Glas-Natur, Struktur und Eigenschaften. Springer Verlag, Berlin, 1988

[Seb89] Seber, G.A.; Wild, C.J.: Nonlinear Regression. John Wiley & Sons, 1989

[Sma16] Smarra, M.; Dickmann, K.: Enhancing ablation efficiency in micro structuring using a deformable mirror for beam shaping of ultra-short laser pulses. Proc. SPIE 9736, 2016

[Som10] Sommer, S.: Effizienzsteigerung beim präzisen Oberflächenabtragen mit ultrakurzen Laserpulsen. RWTH Aachen, Disseration, 2010

[Sot13] Sotrop, J.; Kersch, A.; Domke, M.; Heise, G.; Huber, H.: Numerical simulation of ultrafast expansion as the driving mechanism for confined laser ablation with ultra-short laser pulses. Appl. Phy. A, Vol 113. 397–411, 2013

[Sot15] Sotrop, J.; Winter, J.; Rapp, S.; Huber, H.: Understanding laser ablation efficiency. SPIE Newsroom, 2015

[Spu80] Spur, G.; Stöferle, T.: Handbuch der Fertigungstechnik, Vol. 3, Spanen, Carl Hanser Verlag, München, 1980

[Sta03] Staupendahl, G.; Schindler, K.: Lasertechnik und ihre Anwendungen in der Materialbearbeitung. Vorlesungsskript, Friedrich-Schiller-Universität Jena, 2003

[Stö94] Stößer, R.; Nofz, M.: ESR spectroscopy on glasses and glassy-crystalline materials – New opportunities for material scientists, Glastech. Ber. Glass Sci. Technol., 1994

[Str08] Stroh, C.: Über die Spline-basierte Werkzeugweggenerierung für die HSC-Schlichtbearbeitung von Freiformflächen. Shaker Verlag, Darmstadt, Dissertation, 2008

[Str10] Stroh, C.: Herausforderungen bei der Bahngenerierung für die CNC Schleif- und Polierbearbeitung von Freiformflächen. Optik Seminar Deggendorf, Vortrag, 2010

[Stu06] Stute, U.: Abschlussbericht InProGlas – Innovatives Produktionsverfahren zur Politur von Glasoberflächen, LZH Hannover, 2006

[Sur05] Suratwala, T.I.; Wong, L.; Miller, P.; Feit, M.; Menapace, J.; Steele, R.; Davis, P.; Walmer, D.: Sub-surface mechanical damage distributions during grinding of fused silica. Journal of American Ceramic Society, 2005

[Sura05] Miller, P.; Suratwala, T.; Wong, L.; Feit, M.; Menapace, J.; Davis, P.; Steele, R.: The Distribution of Subsurface Damage in Fused Silica. Proc. of SPIE Vol. 5991, 2005

[Sur16] Suratwala, T.; Steele, W.; Feit, M.; Shen, N.; Dylla-Spears, R.; Wong, L.; Miller, P.; Desjardin, R.; Elhadj, S.: Mechanism and Simulation of Removal Rate and Surface Roughness During Optical Polishing of Glasses. J. Am. Ceram. Soc., 1–11, 2016

[Sym12] Symmons, A.; Auz, B.: Design considerations and manufacturing limitations of Insert Precision Glass Molding. Proc. SPIE 8489, 2012

[Sza12] Szameit, A.; Dreisow, F.; Nolte, S.; Osellame, R.; Cerullo, G.; Ramponi, R.: Femtosecond Laser Micromachining: Photonic and Microfluidic Devices in Transparent Materials. Springer Berlin Heidelberg, 2012

[Tie99] Tien, A.; Backus, S.; Kapteyn, H.; Murnane, M.; Mourou, G.: Short-pulse laser damage in transparent materials as a function of pulse duration. Phys. Rev. Lett., 82, 3883, 1999

[Vog92] Vogel, W.: Glaschemie. Springer Verlag, Berlin, 1992

[Wag08] Wagner, R.: Erzeugung von periodischen Subwellenlängen-Strukturen und Wellenleitern in Dielektrika mit Laserstrahlung ultrakurzer Pulsdauer. RWTH Aachen, Dissertation, 2008

[Wan06] Wanders, G.: Advanced techniques in freeform manufacturing. Optonet Workshop Ultra Precision Manufacturing, Vortrag, Jena, 2006

[Web14] Weber, P.: Steigerung der Prozesswiederholbarkeit mittels Analyse akustischer Emissionen bei der Mikrolaserablation mit UV-Pikosekundenlasern. Karlsruher Institut für Technologie, Disseration, 2014

[Wei05] Weikert, M.: Oberflächenstrukturieren mit ultrakurzen Laserpulsen, Universität Stuttgart, Dissertation, 2005

[Wei16] Weingarten, C.: Laser Polishing and shape correction of optical surfaces. Conf. on Laser Polishing, Vortrag, Aachen, 2016

[Wen02] Wenda, A.: Schleifen von Mikrostrukturen in sprödharten Werkstoffen. Technische Universität Braunschweig, Dissertation, 2002

[Wlo11] Wlodarczyk, K.L.: Surface deformation mechanisms in laser smoothing and micromachining of optical glasses. Heriot-Watt University, Edinburgh, 2011

[Yin12] Yin, W.; Li, S.; Peng, X.; Nie, X.; Song, C.: Study on combination technology in off-axis asphere manufacture. Proc. SPIE Vol. 8416, 2012

Anhang

Tabelle 25: Beschreibung der Laser- und Scannerdelays

	Delayzeit	Definition
Laser-Delays	Laser-Ondelay	Bestimmt, wann der Laser vor einem Mark- oder Bogenbefehl (oder einer Serie von Befehlen) eingeschaltet wird. Nimmt keinen Einfluss auf die Gesamtmarkierungszeit.
	Laser-Offdelay	Bestimmt, wann der Laser nach einem Mark- oder Bogenbefehl (oder einer Serie von Befehlen) ausgeschaltet wird. Nimmt keinen Einfluss auf die Gesamtmarkierungszeit.
Scanner-Delays	Jumpdelay	Wird automatisch nach jedem Jumpbefehl eingefügt. Soll den Schleppverzug, der beim Beschleunigen auf Sprunggeschwindigkeit entsteht, und das Einschwingen um den Zielpunkt, das beim Abbremsen der Spiegel auftritt, kompensieren. Für größere Sprunggeschwindigkeiten ist ein längeres Jumpdelay notwendig. Die gesamte Sprungzeit setzt sich aus Sprungzeit und Jumpdelay zusammen.
	Markdelay	Wird automatisch nach einem Mark- oder Bogenbefehl bzw. nach dem letzten Befehl eines Polygonzuges eingefügt. Soll den Schleppverzug, der beim Mark- oder Bogenbefehl entsteht, und ein Einschwingen um den Zielpunkt kompensieren. Wenn unmittelbar auf einen Mark- oder Bogenbefehl ein weiterer Mark- oder Bogenbefehl folgt, wird statt eines Markdelays ein (variables) Polygondelay ausgeführt.
	Polygondelay	Wird statt eines Markdelays zwischen zwei aufeinanderfolgenden Mark- bzw. Bogenbefehlen eingesetzt. Die Bewegung der Spiegel wird nicht völlig abgebremst, der Laser bleibt eingeschaltet. Ein variables Polygondelay wird in Abhängigkeit vom Winkel zwischen zwei aufeinanderfolgenden Mark-Vektoren variiert. Das variable Polygondelay wird für jede Ecke eines Polygonzugs nach einer Standard-($1-\cos\Phi$) oder einer benutzerdefinierten Funktion berechnet. Um Einbrenneffekte an scharfen Kanten (großen Winkeln) zu vermeiden, kann ein Eckwert definiert werden. Wird dieser überschritten, wird der Laser am Ende ei-nes Mark- oder Bogenbefehls ausgeschaltet und am Anfang des nächsten Mark- oder Bogenbefehls wird ein neuer Polygonzug begonnen.

Tabelle 26: Polynomische Näherung der Sinus-Struktur

Polynomgrad	Approximation	Restfehler
ursprüngliche Oberfläche		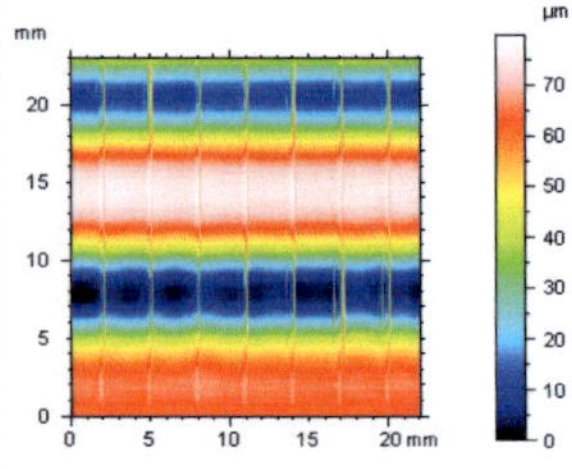
2	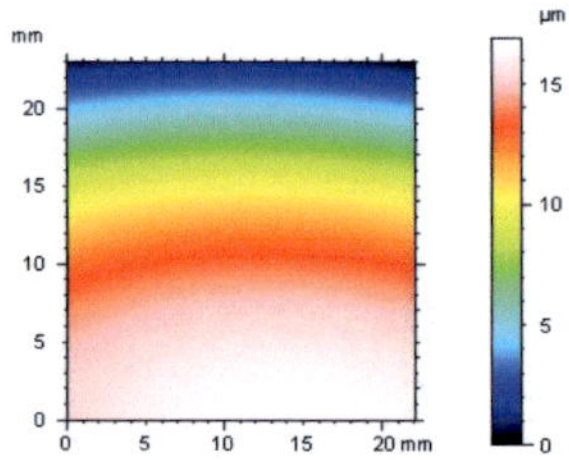	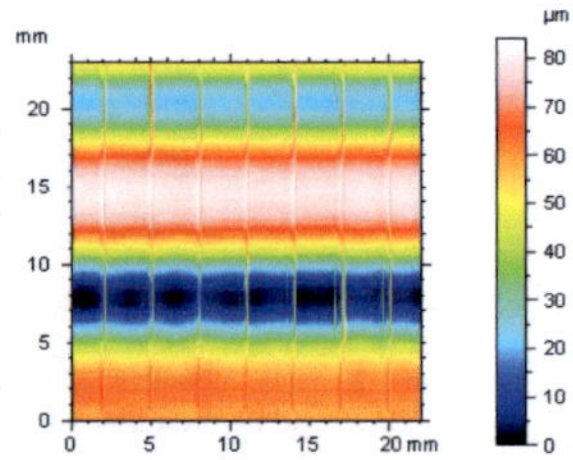
3	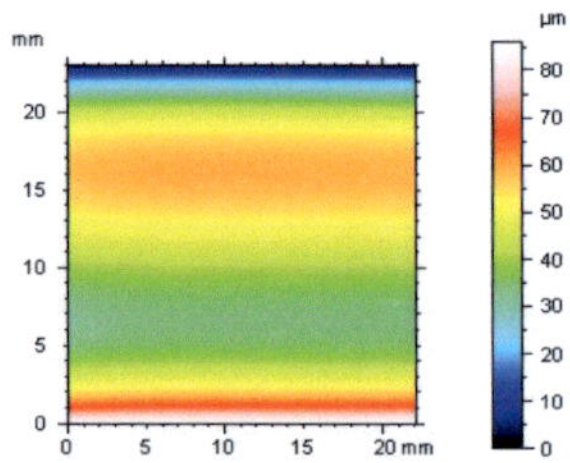	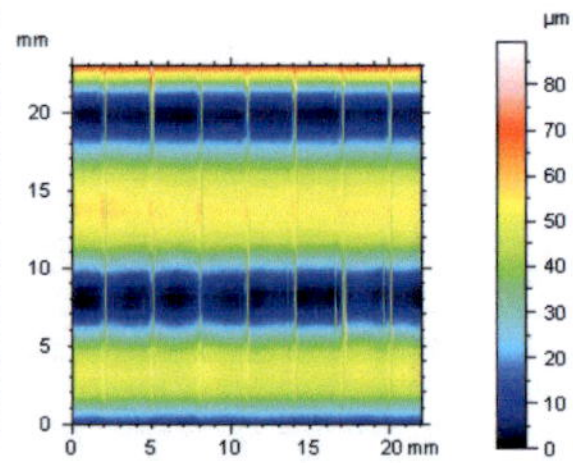
4	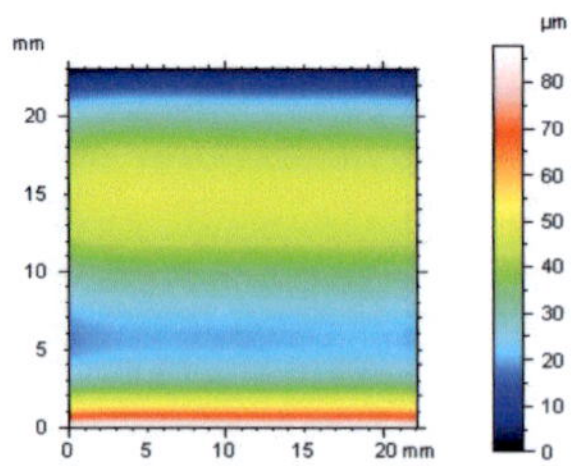	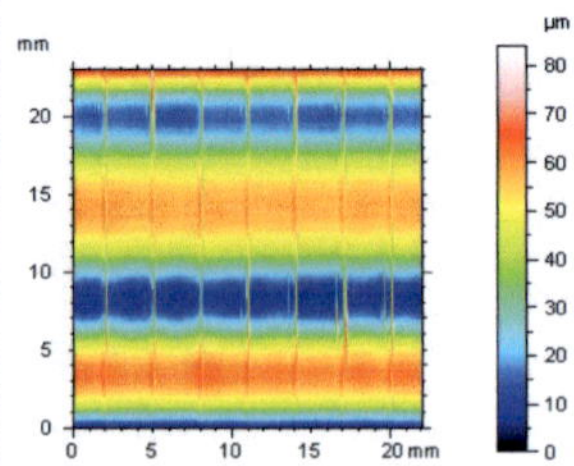

Polynomgrad	Approximation	Restfehler
5	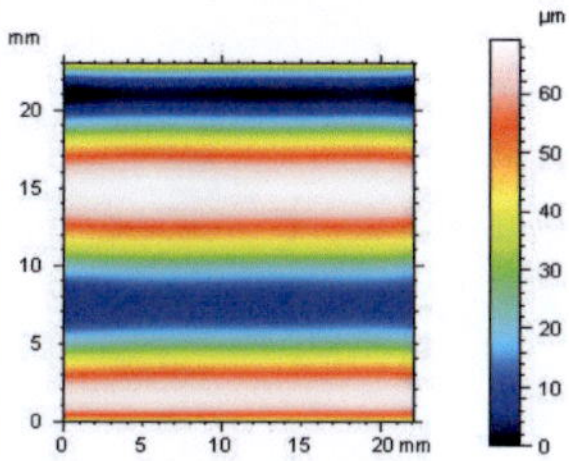	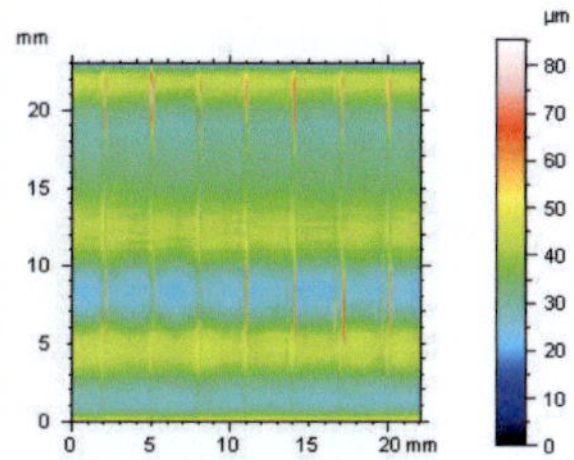
6	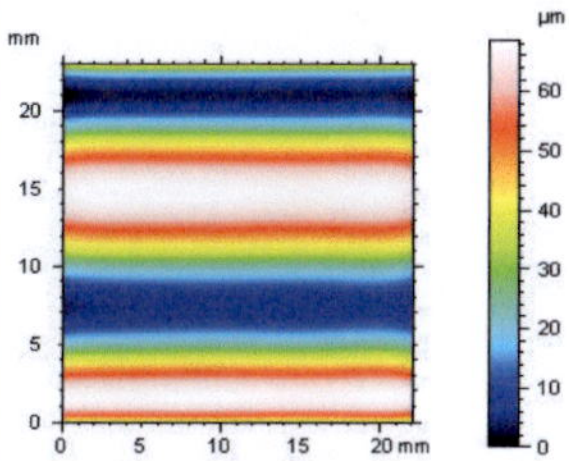	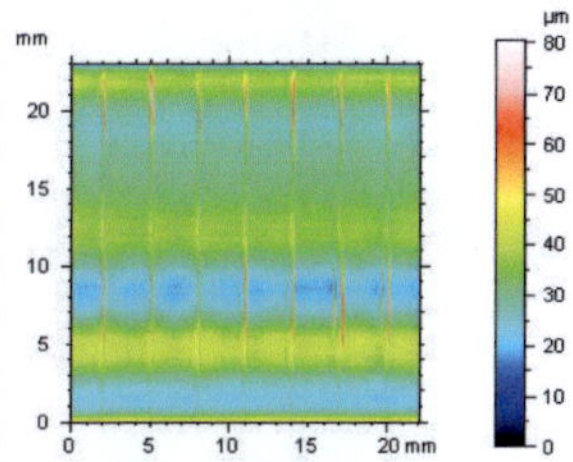
7	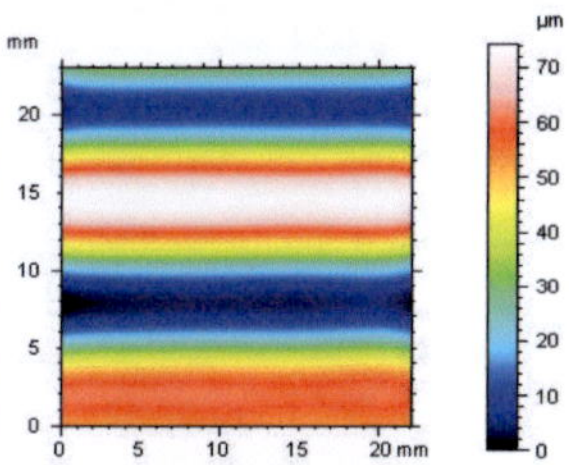	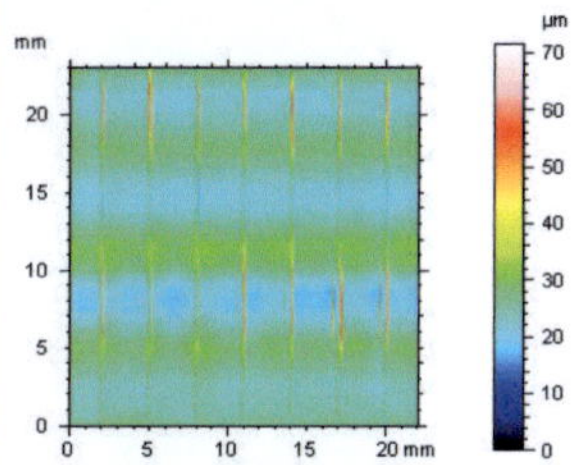
8	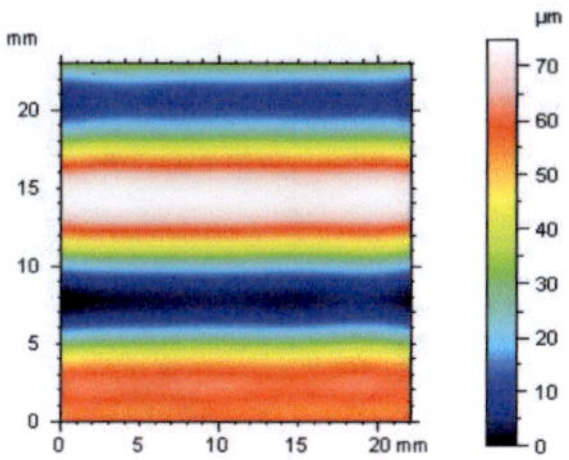	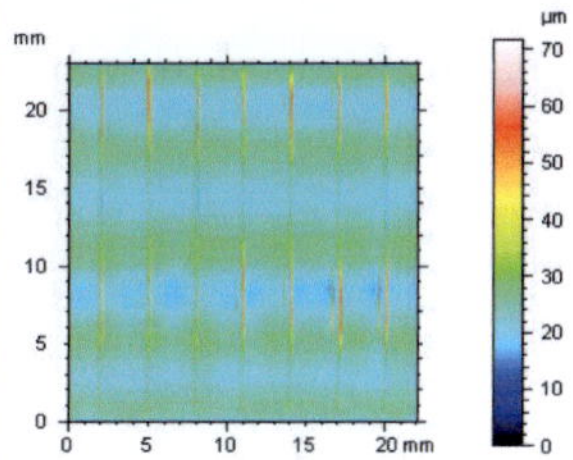

Polynomgrad	Approximation	Restfehler
9	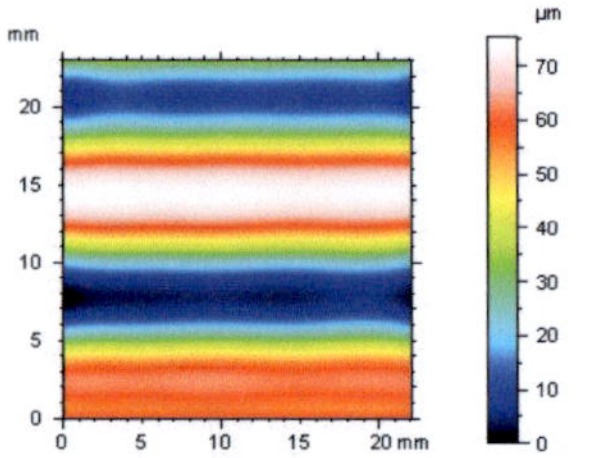	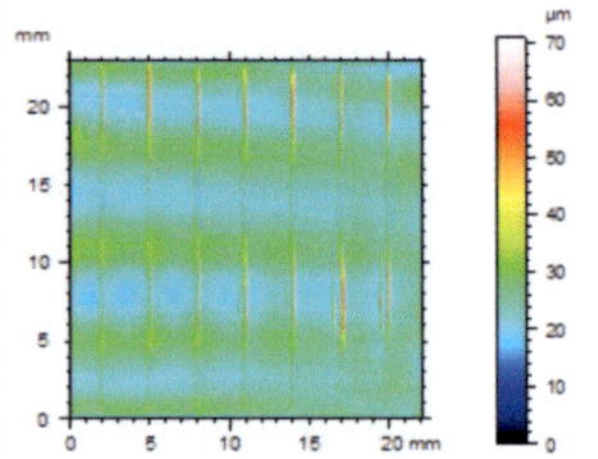
10	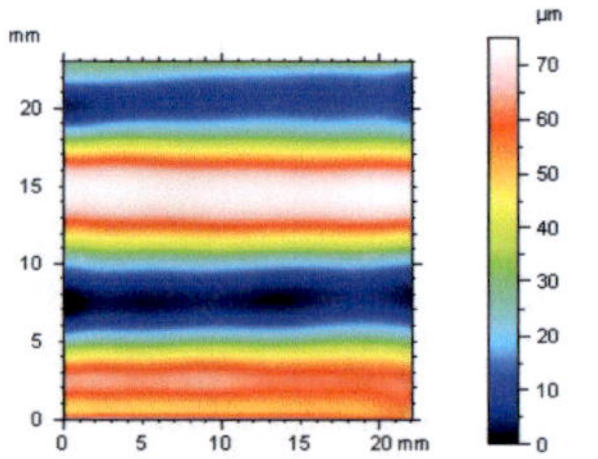	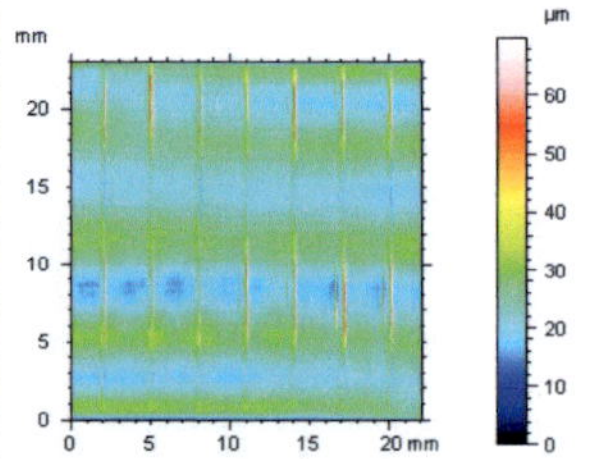
11	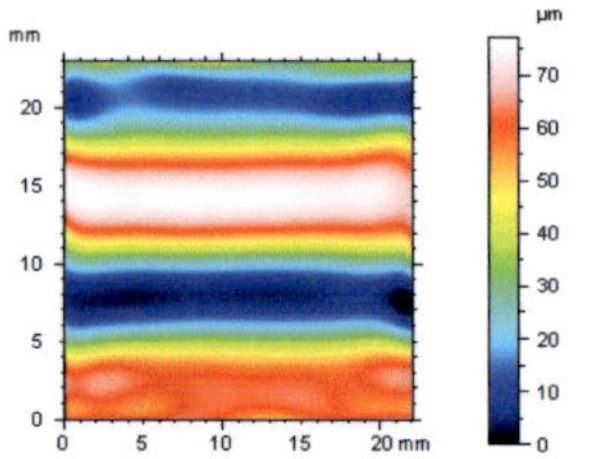	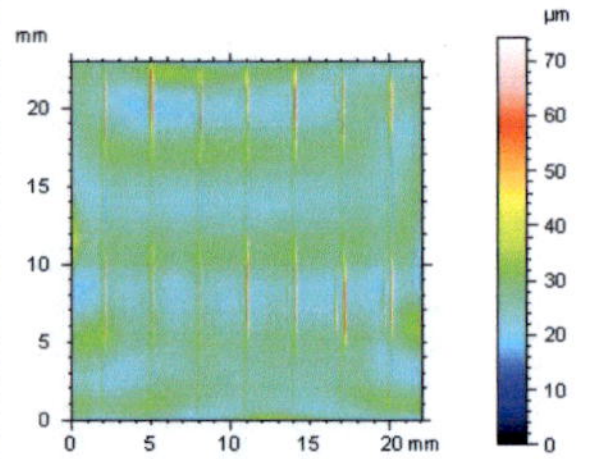
12	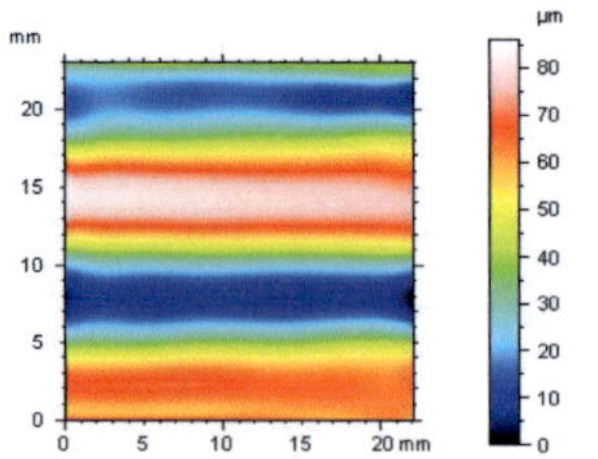	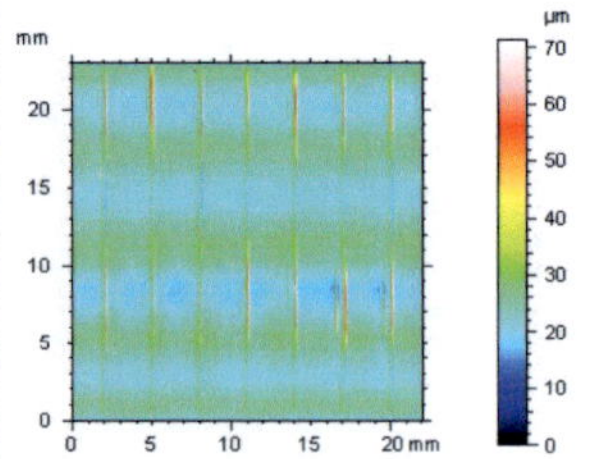

Tabelle 27: Polynomische Näherung des Sinus-Kosinus-Flächenprofiles

Polynomgrad	Flächenapproximation	Restfehler
zu fertigende Oberfläche		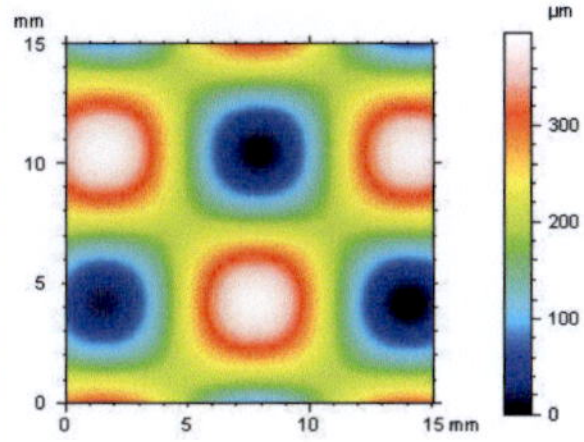
2	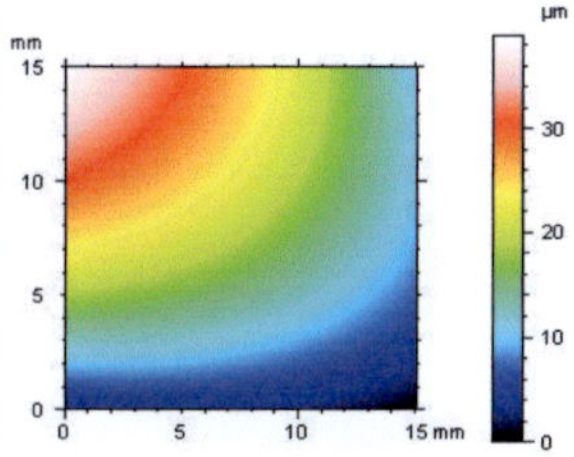 PV = 38,9 µm	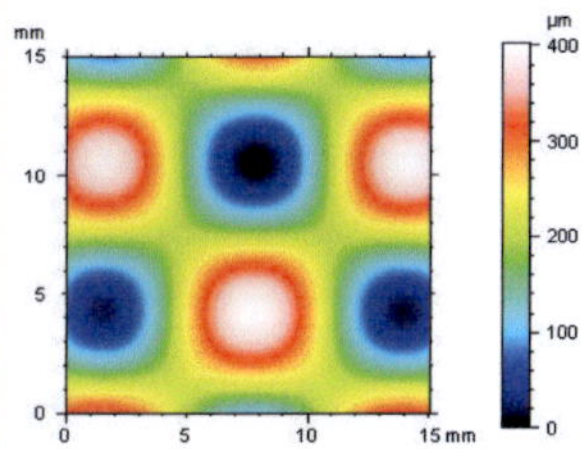
3	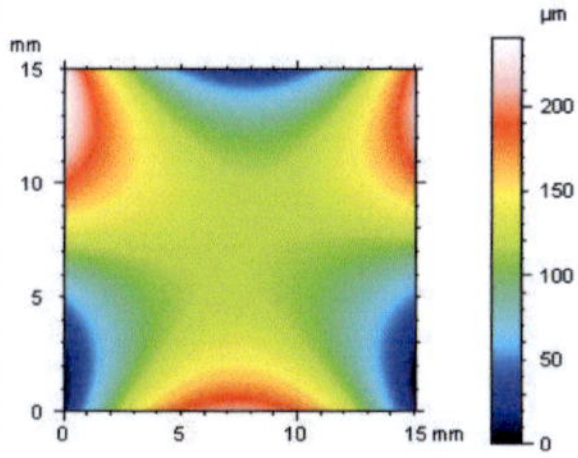 PV = 241 µm	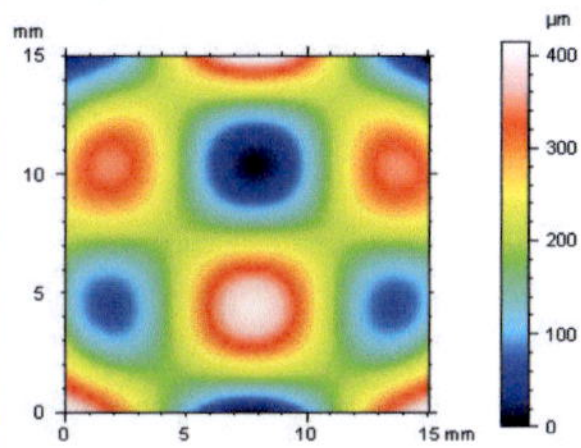
4	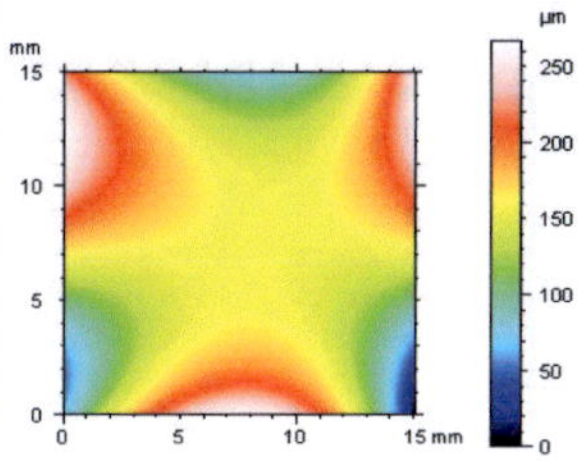 PV = 267 µm	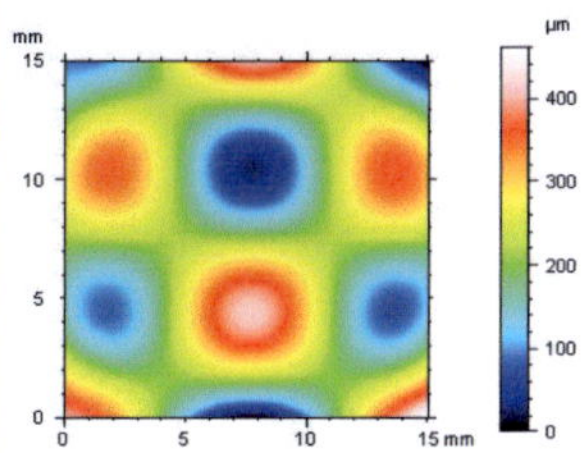

Polynomgrad	Flächenapproximation	Restfehler
5	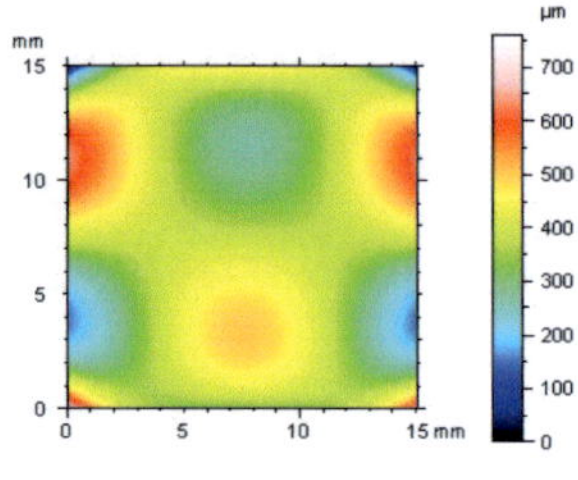 PV = 760 µm	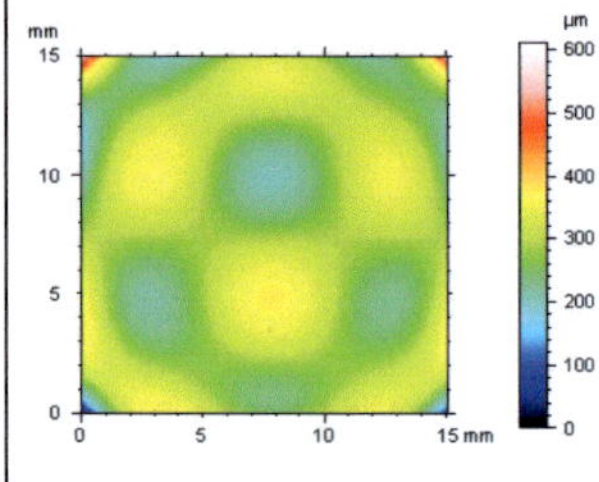
6	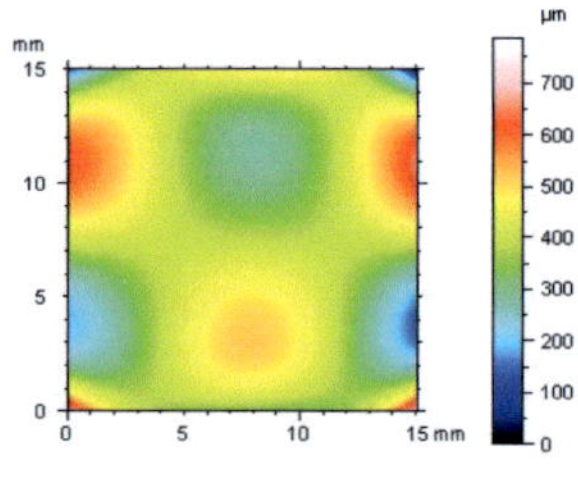 PV = 786 µm	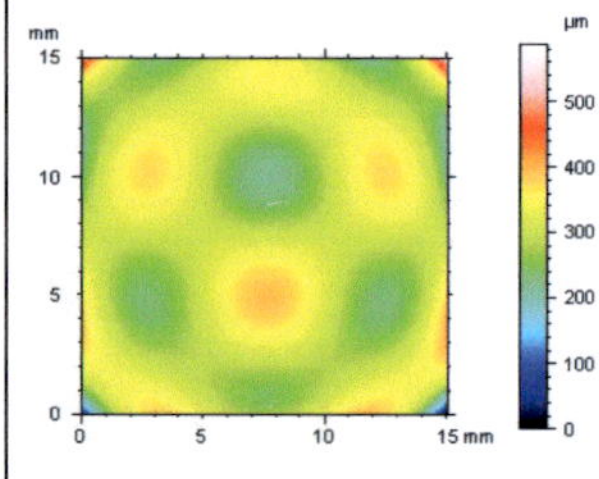
7	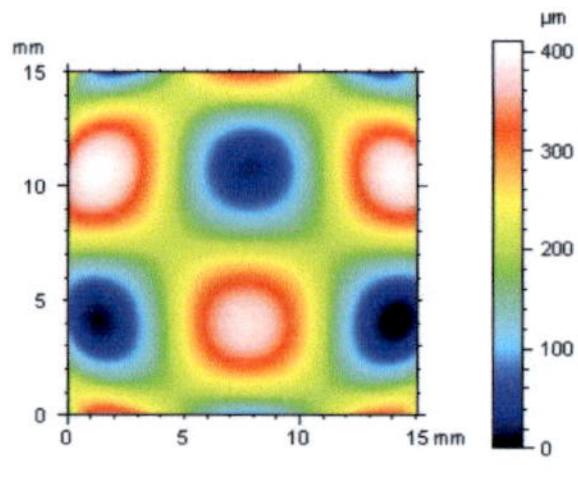 PV = 410 µm	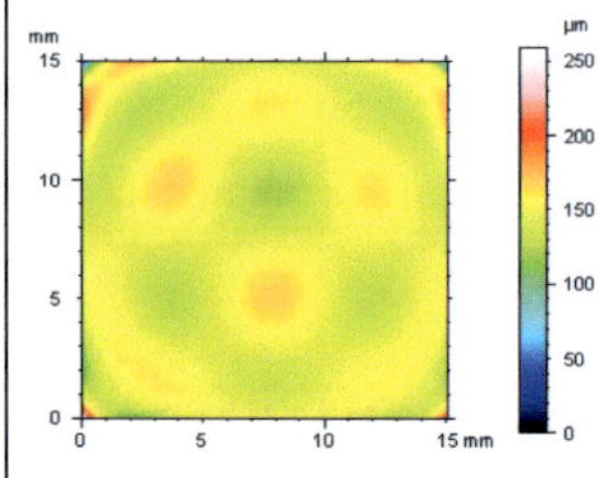
8	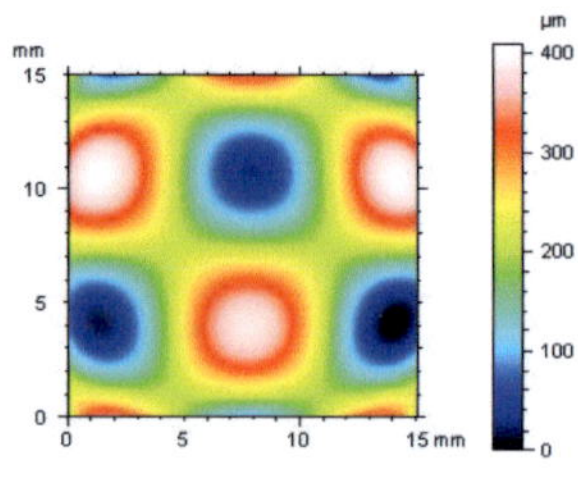 PV = 409 µm	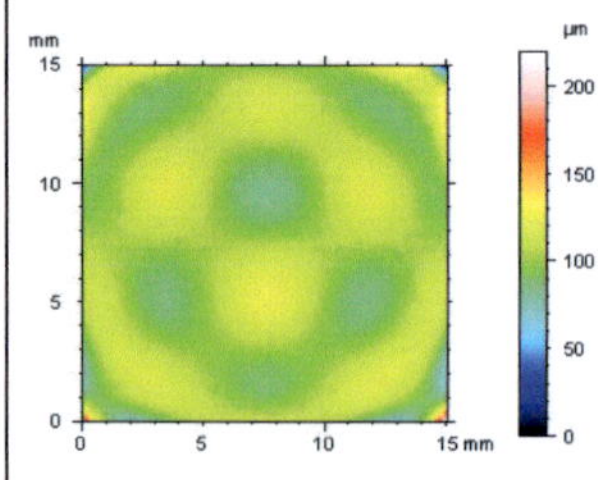

Polynomgrad	Flächenapproximation	Restfehler
9	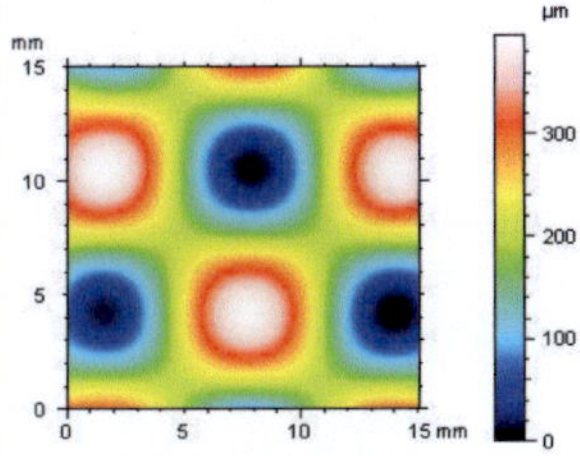 PV = 396 µm	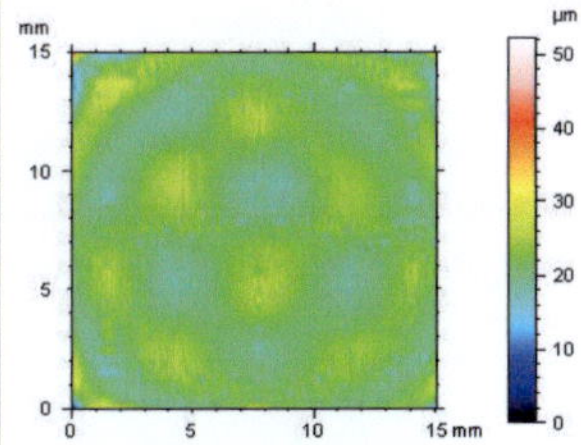
10	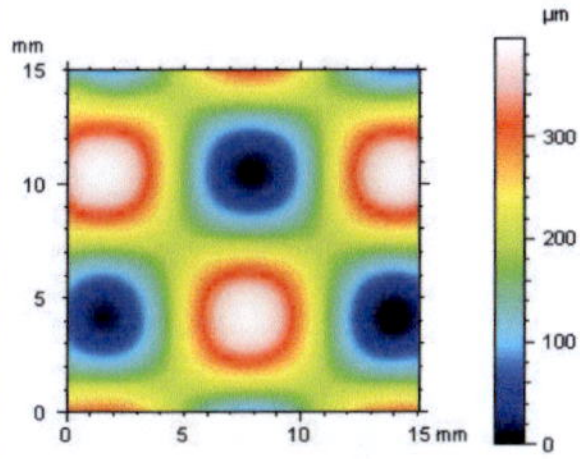 PV = 395 µm	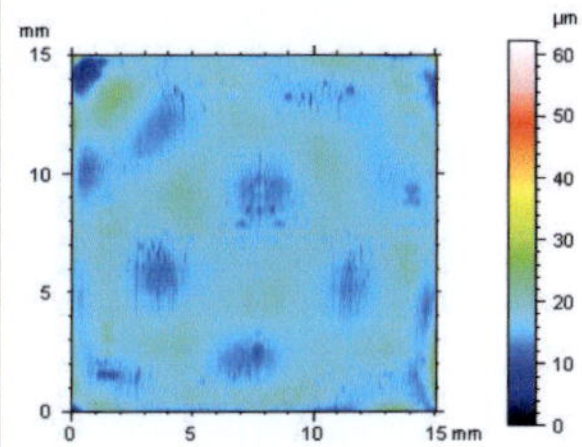
11	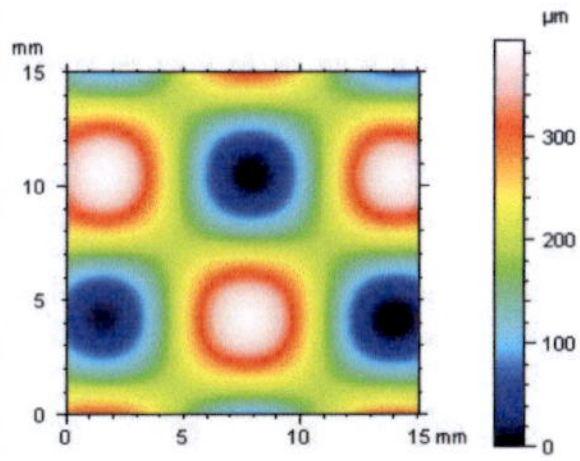 PV = 393 µm	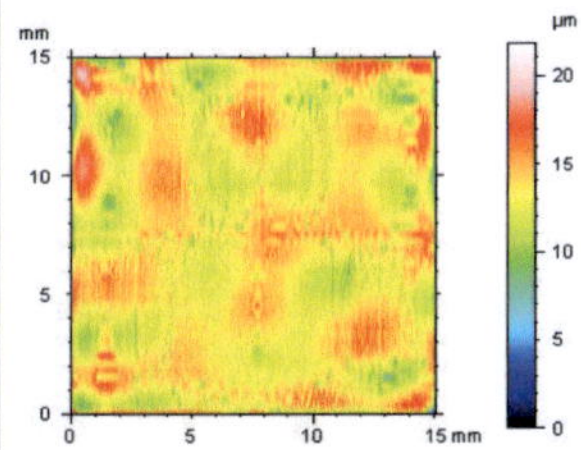
12	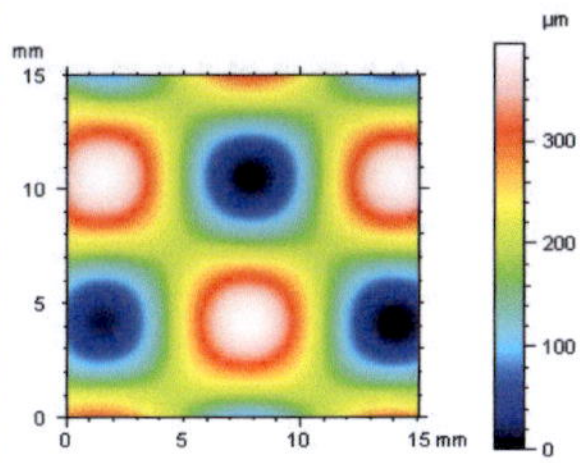 PV = 394 µm	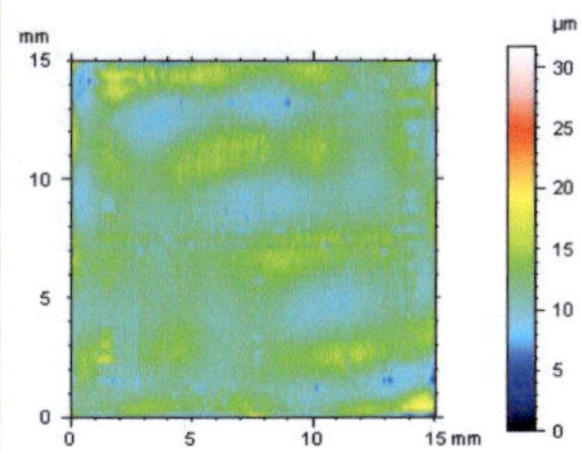

Danksagung

Diese Arbeit ist während meiner Arbeit als wissenschaftlicher Mitarbeiter an der Ernst-Abbe-Hochschule Jena im Fachbereich SciTec in der Arbeitsgruppe Fertigungstechnik/-automatisierung in Kooperation mit der Technischen Universität Ilmenau entstanden.

Mein ganz besonderer Dank gilt Prof. Dr.-Ing. Jens Bliedtner für die Anregung dieser Arbeit, die fachliche Betreuung, die Bereitstellung der Laser-, Fertigungs- und Messtechnik sowie die wertvollen Diskussionen, Kritiken und Anregungen, welche zum Gelingen der Arbeit beigetragen haben.

In gleicher Weise hat mich Univ.-Prof. Dr.-Ing. habil. Jean Pierre Bergmann von der Technischen Universität Ilmenau unterstützt. Seine Ratschläge und Hinweise während zahlreicher Doktorandenseminare und Konsultationen haben wesentlich zu Struktur und Erfolg der Arbeit beigetragen.

Weiterhin danken möchte ich Herrn Dr.-Ing. Volkmar Giggel für die inspirierenden und lehrreichen Diskussionen sowie das hartnäckige Hinterfragen der Ergebnisse. Ebenso danken möchte ich allen beteiligten Kollegen/-innen und Studierenden der Arbeitsgruppe Bliedtner und meiner Forschergruppe zur UKP-Lasermaterialbearbeitung an der Ernst-Abbe-Hochschule Jena sowie der Abteilung Lasertechnik am Günter-Köhler-Institut für Fügetechnik und Werkstoffprüfung, allen voran Maria Friedrich und Sebastian Wächter.

Mein größter Dank gilt meiner Familie für die moralische Unterstützung, meinen zwei Kindern und allen voran meiner lieben Frau Anne, die mich oft entbehren musste, mir den Rücken freigehalten hat, damit ich die Arbeit zum Abschluss bringen konnte.